Direkt-Karriere

Gunter Dueck

Direkt-Karriere

Der einfachste Weg
nach ganz oben

eichborn
berufsstrategie

Prof. Dr. Gunter Dueck, geboren 1951, ist Cheftechnologe bei IBM Deutschland und leitet den Aufbau des Geschäftsbereiches »Dynamische IT-Infrastrukturen«. Er studierte Mathematik und Betriebswirtschaft. Der Autor zahlreicher Bücher lebt bei Heidelberg. Sein Titel *Lean Brain Management* wurde mit dem »Wirtschaftsbuchpreis 2006« von der Financial Times Deutschland und getAbstract.com ausgezeichnet. Im Eichborn Verlag erschienen und auf der Shortlist nominiert für den »Deutschen Wirtschaftsbuchpreis 2008«, vergeben von der Frankfurter Buchmesse, Handelsblatt und Booz & Company: *Abschied vom Homo oeconomicus* (2008).
Weitere Informationen und Kontaktadressen auf der Homepage www.omnisophie.com

1. Auflage 2009

© Eichborn AG, Frankfurt am Main, Juli 2009
Umschlaggestaltung: Christina Hucke
Lektorat: Thorsten Schulte
Satz: Fotosatz Amann, Aichstetten
Druck und Bindung: FVA, Fulda
ISBN 978-3-8218-5976-7

Mix
Produktgruppe aus vorbildlich bewirtschafteten
Wäldern, kontrollierten Herkünften und
Recyclingholz oder -fasern
www.fsc.org Zert.-Nr. SCS-COC-001554
© 1996 Forest Stewardship Council
FSC

Eichborn Verlag, Kaiserstraße 66, 60329 Frankfurt am Main
Mehr Informationen zu Büchern und Hörbüchern aus dem Eichborn Verlag
finden Sie unter www.eichborn.de

Inhalt

Die Direkt-Karriere

Nach ganz oben – ohne unklaren Umweg über Leistung

Das Kind schreit wie am Spieß. Es will ein zweites Eis essen. Die Eltern schwitzen unter den kritisch-höhnischen Blicken der Zuschauer des Dramas. Sie schämen sich und versuchen, sich als gute Erzieher zu präsentieren. Gute Gründe werden ins Feld geführt. Die Gesundheit, die finanzielle Lage der Familie und die Notwendigkeit von Regeln zur Erhaltung der Menschheit werden ausgiebig ausgebreitet. Das Kind schreit wie am Spieß. Es scheint jetzt, dass das Kind wohl wahrhaft überschnappt und möglicherweise Schaden nimmt. Die Mutter bekommt Angst. Ihr Blick flackert unentschlossen. Der Vater will zuschlagen, was er aber vor den vielen Leuten absolut nicht tun darf. Die Angst der Mutter steigt schnell. Sie weiß, dass sie allein noch rational denken kann. Sie allein wird die Entscheidung treffen, sie wird für dieses eine Mal die heiligen Regeln der Familie brechen, sie wird für dieses eine Mal von allen ehernen Grundsätzen abrücken. Eine Notlage! Eine Ausnahme muss gefunden werden! Todesmutig geht sie zum Kiosk und kauft ein zweites Eis, ein kleines. Das Kind schaut kurz hinüber und schreit lauter, viel lauter und ganz schrill. Da nimmt sie das große Eis und gibt es dem Kind.

Es isst unter trocknenden Tränen, tritt noch kurz nach seinem grimmig-ohnmächtigen Vater. Die Leute tuscheln über das Unerhörte. Eine Ehekrise bahnt sich an. »Ich werde mich nicht so einfach von einem Winzling beherrschen lassen!«, brüllt der Vater die Mutter an – und die flüstert bittend: »So beherrsch' dich doch! Du vergisst dich! Du musst ein Vorbild sein!«

Das Kind bekommt ganz direkt, was es will.

Verstehen Sie, was ich Ihnen zeigen wollte? Das Eis muss nicht zwangsläufig *verdient* werden. Nein, mit etwas Energie lassen sich sogar zweite oder dritte Portionen herausschlagen. Das Kind verhält sich trotzdem sehr ungeschickt. Mit etwas Klugheit hätte es die Gereiztheit nach dem Eiskauf aus der Atmosphäre nehmen können. Es hatte ja das Eis. Warum tritt es nach? Warum schaut es die Mutter trotzig an? Es könnte doch herzig glucksen und mit zitterndem Blicke sagen: »Ich glaubte kurz in meiner Verzweiflung, ich müsste wahnsinnig werden, wenn ich kein Eis bekäme. Danke, Vater.« Und dann hätte es den Blick in die Runde schweifen lassen können: »Ich bitte Sie alle um Verständnis. Es ist nicht einfach für mich.« So würde ein vernünftiges Kind reden, das auch morgen wieder ein zweites Eis erfolgreich für sich fordern will!

Dreißig Jahre später. Die Chefsekretärin lobt den General Manager Dr. Scheffel, dass er einen bestimmten jungen Abteilungsleiter ins mittlere Management befördert hat. »Der war oft hier, auch bei Ihnen, Dr. Scheffel. Er hat sich so viele Sorgen gemacht, ob er vorankommt. Netter Kerl, er hat sogar mal Blumen mitgehabt.« – »Oh Gott, Herta, er ist die pure Nervensäge. Wenn ich genug Zeit hätte, könnte ich ihn ganztags auf dem Schoß sitzen haben und ihm versprechen, ihn noch und noch einmal zu befördern. Solche Leute sind ganz unausstehlich. Wenn ich sie nicht ab und zu befördere, explodieren sie. Lieber nicht.« – »Leistet er denn nicht sehr viel, dieser nette Mensch?« – »Er macht Karriere, damit ist er voll ausgelastet. Das schafft er auch. Dagegen ist nichts zu sagen.« – »Aber warum befördern Sie ihn dann?« – »Damit wir wieder etwas Ruhe vor ihm haben. Außerdem hat er mit jeder Beförderung eine höhere Chance, einen großen Fehler zu begehen. Dann feuern wir ihn. Solche Leute wie ihn kann ich nicht wegen eines kleinen Fehlers feuern, dann geht es gleich zum Arbeitsgericht. Der Fehler muss schon so groß sein, dass er ihn wenigstens selbst sieht.« – »Aha, Dr. Scheffel. Aber ein großer Fehler ist doch sehr teuer?« – »Ist so, Herta. Die meisten Manager sind ja so treu und dumm, gut zu arbeiten. Solche, die nur direkt Karriere machen wollen, sind relativ selten. Wir winken diese wenigen Karrieresüchtigen zügig nach oben durch, damit sie schneller straucheln, und schieben sie dann augenblicklich mit einer tollen Abfindung raus. Alle anderen Methoden kosten mich Nerven und die brauche ich eigentlich für die Firma. Ich kann ja nicht mehr befördert werden, Herta.« – »Waren Sie denn früher auch so, Dr. Scheffel?« – »Oh, erinnern Sie mich nicht! Ach damals! Da habe ich schnell neben der Arbeit noch in vier Wochen den Doktor an einer ausländischen Dorfuni gemacht. Dafür musste ich einen Kredit aufnehmen. Heute ist mein Leben vergleichsweise langweilig geworden. Ich wünschte, ich hätte auch einmal einen großen Fehler gemacht. Mich juckt es jetzt oft, die ganze Firma auf etwas Exotisches zu verwetten, damit wieder etwas los ist. Ein bisschen zündeln würde ich nur zu gern.« – »Es reicht Ihnen nicht, jedes halbe Jahr Ihr Gehalt zu verdoppeln und Ihre Geliebte zu verjüngen, Dr. Scheffel?« – »Das ist nur Ablenkung mit immer mehr Silikon und Peroxid, Herta. Es ist nicht dasselbe wie Karriere. Sie verstehen mich nicht.«

Die Theorie schreibt vor, Menschen nach gezeigter Leistung zu befördern. Manager müssen als erfahrene Führungspersönlichkeiten charismatisch beeindrucken. Sie gehen sozial kompetent mit ihrer harmonischen Umgebung um und bringen hohe Fachkenntnis in das Unternehmen ein. Der Personalbereich entwickelt Führungskräfte entlang dieser Ziele und führt anhand objektiver Kriterien und transparent-gerechter Laufbahnprozesse die strenge Auslese für das höhere Management durch. Im Zweifel wird mit Beförderungen gewartet. Die Prinzipien strenger Managementauslese ähneln stark denen im Weinbau der Edelklasse und verweben sich auf höchstem Niveau mit psychologischer Kunst.

So weit die Theorie. Stufe für Stufe müht sich der Mensch, verdienstvoll nach oben zu kommen. Diese Theorie hat sich bewährt und ist den meisten Menschen und Karriereanwärtern gut bekannt. Sie ist ja in jedem Führungshandbuch beschrieben. Die meisten Menschen und Manager gehen diesen Weg, weil sie ihn so gut kennen. Die meisten Menschen kennen ihn deshalb, weil sie die Personalabteilung nach dem normalen Weg gefragt haben – und die Personalabteilung hat ihnen den langsamen Aufstieg mit großer Rückenlast erklärt und ihnen indirekt ein mühevolles Eseldasein untergeschoben.

Der direkte Weg zur Karriere, der sich über diese künstlich definierten Anforderungen erhebt, wird mit gutem Grund geheim gehalten. Ein Unternehmen will von seinen Mitarbeitern eigentlich nur Leistungen sehen. Dafür belohnt es einige mit Beförderungen, Privilegien und hohen Zahlungen. Das Unternehmen kann an zu schnellen Beförderungen oder gar Gratiskarrieren nicht interessiert sein. Deshalb stellt die Personalabteilung lauter Hürden auf, die ein Bewerber um eine Führungsposition in großer Zahl überspringen muss. Er soll bis zum Zieleinlauf immer tüchtig für das Unternehmen springen.

In diesem Buch gebe ich Ihnen Ratschläge für die Direkt-Karriere. Laufen Sie neben den Hürden vorbei! Lassen Sie doch zum Beispiel andere vorlaufen, zurückkommen und Ihnen den Pokal schenken. Was auch immer, Sie müssen kreativer werden. Sie dürfen keine Skrupel haben. Überlegen Sie einmal selbst: Sind ausgerechnet solche Kollegen, die nach fremden Pfeifen tanzen und regelmäßig getaktet über künstliche Hürden springen, genau die Führungspersönlichkeiten, die das Unternehmen braucht, um in der globalen Wirtschaft Kopf und Kragen zu riskieren?

Normale Karrieren gründen sich auf gute Leistung und große Verdienste. Über den Umweg der Leistung kann eine Beförderung erreicht werden. Die Direkt-Karriere-Strategie ist eine, die das Dogma dieses künstlichen Leistungsumweges beiseitelässt. Sie löst das Problem unmittelbar.

Machen Sie Direkt-Karriere! Wenn Sie unbedingt gut arbeiten wollen, können Sie damit später noch jederzeit anfangen. Sie sehen das oft bei den Elder Statesmen, die ihre Karriere längst hinter sich gelassen haben und nun wirklich fruchtbar wirken können. Ohne ihre vorherige Direkt-Karriere aber wären sie nichts, allenfalls elderly.

Warum Direkt-Karriere leicht möglich ist

Sie werden sich bei meinem wortwörtlichen »Ansinnen« der Direkt-Karriere vielleicht noch innerlich winden. Das ist normal. Bitte haben Sie keine Sorge um mich oder sich. Die meisten von Ihnen werden innerlich ein Gefühl leichter Empörung verspüren. Eine Stimme regt sich in Ihnen und sagt: »Wenn nun jedes Kind ein zweites Eis wollte? Wenn nun jeder ohne Leistung Beförderungen ohne Ende forderte?« Und dann setzt Ihr Gehirn mit dem unsäglichen Satz fort: »Wo kämen wir da hin?«

Ja, wo kämen wir hin, wenn alle im Selbstbedienungsladen stählen und alle in der Schule abschrieben und alle von der Stütze lebten? Wir tun es ja nicht alle, das ist der Punkt. Und wenn es Sie beruhigt: So einfach ist es ja auch gar nicht. Man muss erst seine Skrupel loswerden, um frei von ihnen das jeweils Direkte zu tun. Das lateinische Wort *scrupulus* steht für ein stechendes Empfinden von Angst oder Unruhe, ursprünglich bedeutet es »spitzer Stein«. Wir sprechen von moralischen Skrupeln oder religiösen, das Gewissen peinigt uns mit Zweifeln und Bedenken. Skrupel sind durch rigide Erziehung der Eltern ausgebildete Hemmungen, gegen Regeln zu verstoßen. »Man tut das nicht.« Man hält sich an die Gebote, nimmt niemandem etwas weg, stört nicht in der Schule, führt Anweisungen des Chefs aus – und man wird niemals, NIEMALS ein zweites Eis fordern! »Wo kämen wir da hin?«, fragt das in uns fest implantierte Über-Ich des elterlichen Zwangs.

> Direkt-Karrieristen wollen immer nur Karriere, alle anderen Menschen immer Lob für gute Arbeit. Das eine ist so ethisch, unethisch, egoistisch oder legitim wie das andere.

Wenn Sie jetzt selbst so eine innere Stimme hören, haben Sie natürlich einen längeren Weg zur Direkt-Karriere als solche, die das Umgehen von Grenzen schon gewöhnt sind, denn diese müssen nur noch die Tricks kennenlernen, wie es am besten geht. Die meisten Menschen müssen noch einige Zeit relativ hart an ihrem Gewissen arbeiten. Statt »Wo kämen wir da hin?« mit einem Fragezeichen könnten Sie beginnen, auf den Satz »Wenn ich es nicht tue, machen es andere!« mit einem Ausrufezeichen umzuschwenken.

Und ich fange jetzt an, Sie nach und nach umzudrehen. Lassen Sie mich hier erst allgemein argumentieren.

Manager sind unbeliebt – daher will es kaum jemand sein

Die meisten Menschen träumen davon, einmal Chef zu sein. Aber sie geben sich keinerlei Mühe, es zu werden. Das hat einen Grund. Wer einen Befehl gibt, wird dafür nicht immer geliebt. Die Macht ist kalt. Die meisten Menschen wollen aber immerzu geliebt werden, weil sie auf jeden Handschlag innerlich noch das elterliche »Brav!« mit Haarestreichen erwarten. Deshalb liegt es kaum jemandem, Leute herumzukommandieren. Zweitens müssen Manager natürlich ein Ziel erreichen. (Das stimmt nur für normale Manager, nicht für Direkt-Karrieristen.) Sehr viele Menschen aber strengen sich bei der Arbeit nur an, so gut sie können. Sie übernehmen damit nicht die Verantwortung oder strikte Verpflichtung, auf Biegen oder Brechen ein bestimmtes Ziel zu erreichen. Sie tun eben, was sie können – was immer dabei herauskommt. Mehr darf man von ihnen nicht verlangen. Schon allein dafür, dass diese Menschen subjektiv ihr Bestes geben, möchten sie gemocht werden. Sie möchten auch dann gemocht werden, wenn sie das Ziel nicht erreichen. Einfach schon deshalb, weil sie ein Mensch sind!

Ein Manager muss das Ziel erreichen, glauben die meisten Menschen. Sonst wird er bestraft. Deshalb setzt er seine Mitarbeiter stark unter Druck. Folglich werden sie ihn nicht lieben. Er wird nicht gemocht. Unter solchen Umständen möchten die meisten Menschen keinesfalls Manager werden. Sie würden es nur tun, wenn sie trotz ihrer Schwächen geliebt würden, weil sie Mensch sind. Manche dieser guten Menschen werden später doch befördert, weil ja sonst keiner Manager werden will. Sie bemühen sich dann immerfort, es allen recht zu machen, damit sie gemocht werden. Direkt-Karrieristen können auf diese vielen »Gutmanager« fast alle wirkliche Arbeit abladen, indem sie die Gutmanager dafür im Gegenzug etwas mögen und sie loben.

Es gibt also deshalb kaum Managernachwuchs, weil die meisten Menschen unter ihren Erziehungsfolgen leiden und zwanghaft gemocht und gelobt werden wollen. Die ganze Welt soll Mama-Ersatz für die Erwachsenen spielen. »Du hast es zwar nicht geschafft, aber wenigstens warst du brav, Kind.« Menschen scheuen sich in fast allen Fällen ganz glatt, Verantwortung zu übernehmen. Sie akzeptieren Pflichten, aber keine Verpflichtungen. Sie wollen nie Leithammel sein, obwohl sie davon unaufhörlich träumen und deshalb irrtümlich glauben, sie könnten Chef sein, wenn sie denn dürften. Sie dürfen ja, aber nicht ohne Verantwortungsübernahme! Der Traum der normalen Menschen, Chef zu sein, ähnelt dem, von einem Filmstar geliebt zu werden. Wenn Normale je einem Filmstar faktisch Auge in Auge gegenüberstehen, knicken sie sofort ein und laufen weg – sie möchten den Filmstar mit verbundenen Augen fertig ins Bett gelegt bekommen. Es ist immer nur dieser ewige unrealistische Traum, verstehen Sie?

Weil fast alle Menschen lob- oder anerkennungssüchtig sind, gibt es kaum Bewerber für Managementstellen.

Es gibt viel mehr Managerstellen als gute Manager

Vor zwanzig Jahren hat man gelehrt, dass auf sieben bis zehn Mitarbeiter eine Führungskraft kommen sollte. So viele Talente haben wir aber nie und nimmer! Man hat deshalb die teilweise Ersetzung von Führungskräften durch kontrollierende Computerprogramme betrieben. Die Computer wissen heute schon ganz gut, was die Mitarbeiter so den ganzen Tag geleistet haben. Der Chef muss sie nur noch tadeln, auch mal loben, antreiben und führen. Aus diesem Grunde denkt man heute, ein Chef könnte vielleicht auch 50 Mitarbeiter führen. Die Theorie sagt, dass Mitarbeiter ein Lob vom Chef nur dann als angenehm empfinden, wenn es von Herzen kommt. Dazu muss aber der Chef den Mitarbeiter einigermaßen gut kennen. Das geht bei mehr als 50 Mitarbeitern nicht mehr wirklich. Deshalb setzt die Theorie der Mitarbeiterzahl pro Manager natürliche Grenzen. (Man kann sich natürlich radikal entschließen, auf Lob ganz zu verzichten. Dann werden kaum noch Herzen gebraucht und man könnte sich Manager sparen. Es ist daher taktisch gut, wenn Manager doch loben, um ihre große Anzahl zu rechtfertigen. Das tun sie denn auch und lernen das Loben in Lehrgängen zur »emotionalen Intelligenz«. Als Direkt-Karrierist überlassen Sie bitte dieses halbherzige Getue den normalen Managern, die dafür langsamer befördert werden.)

Schauen wir kurz für die Offizierszahl woandershin: Bei der Armee hat eine Gruppe etwa die Stärke von acht bis fünfzehn »Mann«, mehr nicht. Ein Panzerhauptmann dirigiert gerade einmal drei Panzerzüge, mehr nicht!

Wir folgern: Man muss viel mehr Managerstellen besetzen, als es Talente gibt, die die Position normal gut ausfüllen könnten. Ein guter Manager im klassischen Sinn muss viel zu viel können! Das gilt für viele Führungsberufe auch. Es fehlt zum Beispiel an guten Fußballtrainern! Ein ganzes Land kann höchstens in Blütephasen einmal eine Regierung aus lauter fähigen Politikern aufstellen! Heute sitzen in fast jeder Regierung mehrheitlich schon Direkt-Politiker mit Direkt-Karriere. Es gibt einfach nicht genug normal gute Politiker! Wenn man aber schon die seltenen Berufe der Trainer, Politiker oder Schlagersänger mit Direkt-Karrieristen besetzen muss – wie ist es dann bei Managern?

Ein Eldorado für Direkt-Karriere! Es gibt massenhaft hoch bezahlte Jobs und keine Kandidaten! Und deshalb sollten Sie keine Skrupel haben, dass sie den ehrlichen Langsam-Managern etwas wegnehmen. Die machen ihre Karriere so langsam, wie sie ja selbst wollen. Kein Problem, wenn Sie von hinten kommen und sie alle überholen! Jeder bekommt, was er will. Der Direkt-Karrierist bekommt die Karriere, weil er sie will. Der Langsam-Manager, der sich über ehrliche und harte Arbeit hochdient, will aber eigentlich gelobt werden. Das ist, so sagte ich schon, genauso infam wie die Absicht, nur befördert zu werden. Deshalb ist es nur gerecht, wenn ehrlich und hart arbeitende Manager viel Lob für ihre Arbeit bekommen und der Direkt-Karrierist die Karriere.

Weil gut arbeitende Manager Mangelware sind, werden alle anderen auch befördert.

Viele Manager arbeiten aus Unkenntnis »nur« gut

Die meisten Führungskräfte werden nach den normalen Ausleseverfahren als gute Menschen befördert. Gute Menschen haben ein deutlich ausgeprägtes Über-Ich und sind bis oben hin voll mit guten Erziehungsrichtlinien, Moralgrundsätzen, sinnvollen Konventionen oder Teamgedankengut – also im Grunde voll von Hemmungen oder Skrupeln.

Diese Hemmungen sind Gift für eine Direkt-Karriere. Die Skrupel werden nämlich von den befallenen Personen als inneres moralisches Licht bis hin zum religiös verehrten »guten Gewissen« erlebt, die sie auf dem Pfad der Tugend halten. Im Grunde sind daran die ganze Erziehung und die Bildung schuld, die sich auf das Lehren des Gutseins beschränken und etwa die »Shareholder-Value-Lehre« oder den Darwinismus als eigenes Schulfach oder wenigstens als wichtige Verhaltensrichtlinie ablehnen.

Deshalb sind die meisten Menschen und auch Manager für den Beginn einer Direkt-Karriere mit falschen Prägungen ausgestattet, bringen also die denkbar ungünstigsten Voraussetzungen mit.

Fast alle Manager arbeiten daher aus Unkenntnis ehrlich und hart und werden durch frühkindliche Prägungen fast blind gegen mögliche schnelle Karrierewege, wie ich sie hier aufzeigen will.

Männer sind viel egoistischer als Frauen und deshalb als Direkt-Karrieristen umso erfolgreicher, je mehr Frauen im Unternehmen arbeiten und deshalb den Wettbewerbsdruck senken.

Auch schlechte Manager machen Karriere

Wenn ein Manager noch ganz jung ist, ist er ganz gespannt, am ersten Arbeitstag die Gehaltsliste seiner Mitarbeiter durchzuschauen. Stöhnend sieht er meist, dass einige ältere Mitarbeiter, die ihm nun unterstehen, sehr viel höhere Gehälter beziehen als er selbst. Das stachelt ihn an! Oder besser: Es sticht ihn. Er ist schließlich Manager geworden, weil er als solcher besser bezahlt wird als ein verantwortungsloser Mitarbeiter. Das steht ihm zu!

Mitarbeiter haben oft zwanzig Jahre akademische Tätigkeit etwa als Oberingenieur hinter sich und verdienen nun gut. Die gut bezahlten Mitarbeiter sind in der Regel gleichzeitig die sogenannten Leistungsträger, weil bei Mitarbeitern in etwa eine grobe Korrelation zwischen Leistung und Gehalt besteht, was beim Management nicht unbedingt richtig ist.

Wenn also ein Jungmanager auf hohe Mitarbeitergehälter angestochen reagiert, entwickelt er eine feindselige Haltung gegen die Leistungsträger. Das führt zu einer brisanten Atmosphäre. Gerade die Leistungsträger sehen am deutlichsten, dass der Jungmanager vor allem Ehrgeiz und Biss mitbringt, sonst nichts. Das nehmen sie ihm übel, weil sie denken, dass zwischen Leistung und Stellung ein Zusammenhang bestehen sollte. Indem sie das denken, dünsten sie einen feinen Hauch von Verachtung aus, der den Jungmanager so wahnsinnig vor Ehrgeiz werden lässt, dass man die aufflammenden Ambitionen kaum von Hass unterscheiden kann.

Das Unternehmen muss deshalb dem Jungmanager glaubhaft zusichern, dass er in sehr geringer Zeit die Leistungsträger im Gehalt eingeholt haben wird. Klar? Das Unternehmen kann nicht nach einem Jahr Management-erfahrung sagen, der Jungmanager müsse erst noch reifen. Es muss ihn hochstufen, sonst gibt es Krieg. Unternehmen, die einen Gerechtigkeitsfimmel haben, müssen viel Lehrgeld zahlen. Unzufriedene Jungmanager neigen dazu, die Leistungsträger zu mobben oder sie in Vorruhestand zu schicken bei gleichzeitiger Einstellung von jungen Fachkräften, die viel billiger sind. Dadurch schaffen sich die Jungmanager ihren Ärger vom Hals und sparen gleichzeitig dem Unternehmen viel Geld ein, weil ja die Kosten fallen. Aber am Ende weiß keiner mehr, wie überhaupt gut gearbeitet werden soll!

> **Unbeförderte Manager erzeugen Unruhe und verekeln Leistungsträger. Deshalb muss jeder Manager befördert werden, ganz unabhängig von seiner Leistung.**

Keine Zeit für Leistungen – das Potential muss reichen!

In großen Unternehmen gibt es oft zehn Hierarchiestufen oder mehr. Bei einer Armee können Sie es ja am deutlichsten sehen: Es sind um die 20 Dienstgrade (Soldat, Gefreiter, Obergefreiter, Hauptgefreiter, Unteroffizier, Stabsunteroffizier, Feldwebel, … Oberstleutnant, Oberst, Oberst i. G., Brigadegeneral etc. etc.) Es geht ja nicht, dass die Karrieristen immer nur alle drei Jahre befördert werden. Dann wäre man ja erst nach 60 Jahren Dienstzeit General! Also muss man die Manager sehr viel schneller befördern, damit man genug Führungspotential heranbildet.

Insbesondere kann nicht abgewartet werden, ob eine Führungskraft besondere Leistungen gezeigt hat, die ja erst in einigen Jahren nachhaltig zum Vorschein kommen. Deshalb ist es allgemein üblich, Manager gar nicht nach Leistung zu befördern, sondern nur nach ihrem gezeigten »Management-Potential«. Potential zeigt sich gewöhnlich in gezeigten Verhaltensweisen, die man in Assessment-Centers unter Beobachtung erfasst. Deshalb reicht es für eine schnelle Karriere überhaupt immer aus, ein gewünschtes Verhalten zu demonstrieren. Es hat außerdem keinen Sinn, auf langfristige Erfolge zu schielen oder gar hinzuarbeiten. Als Direkt-Karrierist sollten Sie nur das Kurzfristige im Auge haben und sonst nichts. Zeigen Sie jetzt Ihr Potential!

Direkt-Karrieristen glänzen mit Potential oder Potenz. Das Mögliche ist wichtiger als das Reale.

Managerausbildung ist Gehirnwäsche

Die meisten großen Unternehmen haben Personalabteilungen, die sich der Führungskräfteentwicklung widmen. Hier stehen ganze Aktenordner mit den von Managern erwünschten Kenntnissen, Fähigkeiten und vor allem Verhaltensweisen. Ebenfalls hier finden Sie Faltblätter mit Q&A-Vorschriften (Questions & Answers). Mögliche Fragen von Mitarbeitern oder gemeinen Betriebsräten, die das Management mit Logik und unverschämten Wünschen aushebeln wollen, werden hier so einfach beantwortet, dass die Antworten von einer Führungskraft mühelos verstanden und weitergegeben werden können.

Es gibt zahlreiche ein- oder zweitägige Ausbildungslehrgänge für Manager. Hier lernt man eigentlich nichts. Was soll man auch schon nach ein paar Stunden besser können als vorher? Diese Lehrgänge haben andere Ziele als das Lernen, deshalb können sie sehr kurz gehalten werden:

→ Es wird sehr schwer gemacht, solche Lehrgänge zu besuchen. Lehrgänge nur gegen persönliche Einladung! Im Grunde werden nur Manager zu diesen »Lehrgängen« geschickt, für die es schon vorher eine Beförderungsabsicht gibt. Der Besuch des finalen Lehrganges symbolisiert ein Weiterkommen durch Lernen. In Wirklichkeit ist der Lehrgang eine zeremonielle Hürde, die der aufsteigende Manager nun auf seinem Hürdenlauf nimmt.

→ Managementlehrgänge dienen der Einschwörung auf die Ziele der nächsthöheren Führungsebene. »Seid willkommen in der höheren Kaste, aber benehmt euch entsprechend den heiligen Regeln, die wir hier oben Ihnen da unten und eigentlich auch uns selbst gesetzt haben.« Die Lehrgänge zwingen in immer schwärzere Anzüge und Korsetts.

→ Die Lehrgänge werden durch Brainstorming-Sessions aufgelockert. Die Teilnehmer werden aufgefordert, Ideen zur Zukunft der Firma abzugeben. Es wird dann von der Personalabteilung registriert, ob die Teilnehmer vor ihrer Beförderung gut verstanden haben, was das höhere Management von ihnen an Verhaltensweisen erwartet. Außerdem muss sich die Personalabteilung auf den Lehrgang gar nicht fachlich vorbereiten. Sie braucht auf diese Art gar nicht selbst zu wissen, was ein Manager können muss. Zum Dritten kann sie angemessen als Gralshüter der Tugend auftreten und muss sich nicht wegen eigener schlechter Vorträge blamieren. Personalabteilungen befassen sich nicht mit Inhalten.

→ Ein sehr großer Teil solcher Events wird auf immer wieder dieselbe Diskussion der persönlichen Charaktereigenschaften der Manager verwendet. In aufwendigen Feedback-Umfragen erkundigt man sich vor dem Kurs nach den gezeigten Verhaltensweisen und hält sie dann den im Lehrgang Anwesenden als Spiegel vor. »So bist du wirklich und so sollst du sein.«

Die ganze »Ausbildung« bringt den Managern einfach nur bei, wie die nächste Hürde aussieht, über die sie nach dem Willen des Unternehmens springen müssen. Mit der Hürde an sich werden sie allein gelassen. Manche Unternehmen gehen da allerdings einen Schritt weiter und »coachen« die Manager durch höhere Manager, die schon gesprungen sind. Diese erklären als Mentoren ihren sogenannten Mentees eingehend, wie hoch gesprungen werden muss. »Aber du selbst musst wollen! It's up to you.«

Wie soll sich aber ein Manager im Ideal verhalten? Da gibt es kaum Dissens – genau so soll er sein:

Gut zuhören, Verantwortung tragen, Risiken übernehmen, aktiv sein und natürlich proaktiv, gehorsam sein, ehrgeizig sein für das Unternehmen, wach, bewusst, logisch, analytisch, ausgeglichen, intelligent, loyal, einfach, einfühlsam, aufmerksam, stabil, stetig, balanciert, höflich, mutig, begeistert, dem Unternehmen hingegeben, direkt, klar, flexibel, committed, kreativ, innovativ, bescheiden, tolerant, hilfsbereit, hart in der Sache, objektiv, sicher im Auftreten, nett, humorvoll, reif, leidenschaftlich, sozial, fest wie ein Fels, weise, vertrauenswürdig, geduldig, positiv, körperlich fit, fair, vorausschauend, kompetent, eifrig, auf Hochleistung eingeschworen, emotional intelligent, entscheidungsfreudig, offen, optimistisch, sensibel, nie aufgebend, pragmatisch, zielorientiert, immer im Dienst, pünktlich, sparsam, lobend, fördernd, coachend, stressresistent, diszipliniert, glücklich, immer eine gewinnende Attitüde ausstrahlend, allzeit bereit.

Die Personalabteilung sammelt einfach alle guten Eigenschaften, die man logisch nicht alle gleichzeitig haben kann. Die werden nun allen Managern abverlangt, dann demonstrieren sie naiv gesehen »Leadership« und sind somit leuchtende Führungspersönlichkeiten.

Ganz herausragend ist die Forderung an Manager, mit anderen im Team zu arbeiten. Das will jedes Unternehmen ganz unbedingt! Das ist klar, weil nur durch Teamarbeit die optimale Arbeit für das Ganze geleistet werden kann. Deshalb kann der Teamgedanke gar nicht oft genug wiederholt werden.

Merken Sie so langsam, worauf ich hinauswill? Wenn Sie meinem Rat folgen und die Direkt-Karriere anstreben, so ist Teamarbeit unter Umständen einfach nur eine hohe Hürde, um gute Arbeit zu leisten. Ob Teamarbeit die Karriere fördert, ist sehr fraglich! (Ich kommentiere das in Kürze noch einmal besser.) Ich will sagen: Sie werden mit solchen falschen Gedanken von Unternehmen hirngewaschen, damit Sie nicht auf die finale Wahrheit kommen, mit der ich diesen Abschnitt beenden will.

Gleiten Sie bitte noch einmal wohlgefällig über die eben aufgezählten gewünschten Eigenschaften eines Managers?

Alles, was für die Direkt-Karriere gut wäre, fehlt dort (zum Beispiel: Durchsetzungsstärke auch bei schwacher inhaltlicher Position, Selbstmarketingfähigkeit, schmuckes Äußeres, teure Armbanduhr, gepflegte Haare, Kenntnisse aller Abkürzungen im Unternehmen). Mit einem Wort: Das Unternehmen hämmert dem Management ein, gut zu arbeiten und verspricht dafür eventuell eine Karriere. Natürlich verrät die Personalabteilung nicht ganz platt, wie Sie die Karriere einfach so bekommen. Wenn

Ihnen also Ihr Unternehmen irgendetwas rund um Ihre Karriere kommentiert, so ist es wahrscheinlich Gehirnwäsche zum Nutzen Ihres Unternehmens. Da ist Ihr schärfstes Misstrauen angebracht!

> **Hüten Sie sich vor der allgemeinen Hirnwäsche mit der folgenden Regel: Zuerst die Firma, dann die Abteilung und dann erst Sie selbst!**

Andersherum: Werden Sie Herr Ihrer selbst, dann Ihrer Abteilung und zum Schluss Ihrer Firma.

Management-Ratgeber verwechseln Karriere mit Arbeit

Es gibt tonnenweise ärgerliche Bestseller im Markt. Die geben Ihnen Patentrezepte schauerlichster Art, wie Sie innovativ, verhandlungsstark oder proaktiv sind. Sie lernen, Ihre Zeit einzuteilen und freundlich mit Kunden zu reden. Sie lernen, wie Sie effektive Meetings aufsetzen und Telefonkonferenzen abhalten.

Unter dem Gesichtspunkt der Direkt-Karriere sind das allenfalls Schnickschnack-Zutaten, um über die nächste Unternehmenshürde springen zu können.

Wer sich in erster Linie mit dem Ausbau gewünschter Eigenschaften befasst, hat die Logik der Unternehmensgehirnwäsche kritiklos geschluckt und versucht anschließend immerfort, besser und besser für das Unternehmen zu arbeiten.

Ich kenne eine Menge Leute, die wegen Ihrer Karriere so sehr viel arbeiten, dass sie darüber ganz ihr Privatleben und ihre Familie vergessen haben. Sie arbeiten als Manager so irre schnell, dass sie dienstlich gesehen zum Beispiel unfähig wären, Kinder zu bekommen, weil sich dieses Projekt auf drei ganze Quartale erstreckt. Dazu ist in aller Realität keine Zeit mehr. Das ist an sich nicht schlimm. Natürlich werden Sie auch Ihre Familie taktisch vergessen können, wenn Sie das gerne möchten, aber Sie tun alles wegen Ihrer Direkt-Karriere! Das ist der wesentliche Unterschied. Sie vergessen über Ihrem Job nicht Ihr Ziel: Ihre Karriere.

Die meisten Manager, die ich kenne, verbrennen sich selbst durch den Versuch, gut zu arbeiten. Dadurch vernachlässigen sie vollkommen ihre Karriere und bekommen für die gute Arbeit absolut zu wenig Belohnung.

Wer aber unter größten Anstrengungen nichts erreicht, ist zuerst tief frustriert und brennt dann aus, weil alles relativ erfolglos war. Burn-out! Es gibt in fast allen Unternehmen schon Kaffeekränzchen und Betriebsgruppen zum bewegenden Thema »Work-Life-Balance«. Hier wird den Managern beigebracht, über der Arbeit das Leben nicht zu vergessen. Sehen Sie? Von Karriere ist gar nicht mehr die Rede. Das Unternehmen winkt mit ein bisschen Leben, das Sie sich angeblich nebenbei noch leisten können, wenn sie Ihre Zeit optimal managen. Was wirklich in solchen bedauernswerten Managern verloren ging, ist der Gedanke an ihre Karriere. Sie arbeiten so viel und so gut, dass sie aufhören, an sich selbst zu denken. Aber – bitte – warum sind sie dann Manager geworden?

Fast alle Management-Ratgeber zeigen, wie Sie noch mehr und besser arbeiten können. Sie werden mit Rat zugepflastert, wie Sie ihr bisschen Lebenszeit noch dichter vollpacken, besser nutzen und wie Sie nach 24 Stunden am Arbeitstag noch Antistresstraining betreiben und mit dem Computer automatisch Red-Bull-Bestellungen auslösen.

Hände weg von Managementbüchern über den indirekten Weg nach oben. Es kann ja sein, dass Sie direkt nicht auf Ihrem Weg nach oben weiterkommen, aber helfen Ihnen dann irgendwelche Ratgeber? Wenn Sie von Ihrem Stuhl abgesägt werden, helfen Ihnen dann Zeitmanagement-Bücher oder »Ten Success Factors to XYZify your Life for the Dummy you certainly are«? Petrify, Stultify, Saccharify, Mummify, Mortify oder Decalcify – lassen Sie von solchen Irrlehren ab.

Wenn schon: Revivify your direct career. Lesen Sie also weiter.

Management-Ratgeber werden fast allesamt von Direkt-Karrieristen geschrieben, die mit ihren Heilslehren alle Unternehmen dazu bringen wollen, sie selbst als Coach oder Guru für das unternehmensweite Management-Potential sündhaft teuer einzukaufen. Management-Ratgeber sind also ein Business für die Urheber all dieser immer neu gefakeden Patentlösungen. Da die Unternehmen haufenweise Geld für Management-Berater aus dem Fenster werfen, sind Management-Ratgeber genau besehen wie im Auftrag von Unternehmen geschrieben. Aber nicht für Sie! DIESES Buch ist für Sie!

Das allererste direkte Karrierebuch!

Dieses Buch schließt endlich die riesige Lücke, die es bisher noch nicht gab – ich meine, die noch keinem aufgefallen ist. Es behütet Sie vor dem schwarzen Loch der rein fachlichen Arbeit für das Unternehmen, das Ihre Karriere und auch Sie selbst verschluckt.

Seien Sie bedingungslos auf Karriere aus! Ohne Skrupel! Wenn das alle tun, ist es ganz sicher gut für die ganze Welt! Echt! Das überrascht Sie, oder? Mich auch, ehrlich gesagt, aber ich habe Ökonomie studiert. Und da lernen wir ja alle, dass über der ganzen Ökonomie die »unsichtbare Hand« regiert. Diese ist zuerst vom Klassiker Adam Smith bildhaft beschrieben worden, der sie zuerst gesehen hat. Adam Smith fand heraus, dass diese »unsichtbare Hand« oder das ökonomische Prinzip schlechthin den Wohlstand der Nationen bestmöglich vergrößert, wenn nur jeder Einzelne egoistisch seine eigenen Ziele verfolgt. Egoismus setzt nämlich größte Energien frei, die normal kaum mobilisiert werden könnten. Diese Egoismen reiben sich fruchtbar (oder furchtbar – ich habe es vergessen, ich finde die Stelle nicht) aneinander und erzeugen wohl große Wärme, glaube ich – ich weiß nicht mehr. Jedenfalls sagt Adam Smith, dass durch unkoordiniertes Optimieren eigener Interessen eines jeden für das Ganze das Beste herauskommt.

Diese Erkenntnis eines der ganz Großen dieser Welt gibt Ihnen jede Absolution für den Ansatz der Direkt-Karriere! In meiner Beratungspraxis erlebe ich immer wieder recht tüchtige Menschen, die sich nicht zu bedingungslosem Egoismus durchringen können. Ich kann ihnen dann mit der Schilderung der ätzenden Härte der klassischen Wirtschaftstheorie wirklich helfen, ihre Skrupel loszuwerden. Schauen auch Sie: Wenn Sie egoistisch sind, kommt für alle insgesamt das Beste heraus. Sie sind damit automatisch Wohltäter der Menschheit. Alles ist gut! Das sagt die Wissenschaft ganz eindeutig.

Viele von Ihnen zeigen sich in Workshops mit mir irritiert, warum denn Teamarbeit plötzlich schlecht sein soll. Ist die nicht besser als Egoismus? Da muss ich leider sagen, dass Sie von Ihrem Unternehmen schon ganz schön hirngewaschen sind. Das Unternehmen ist ein normales Wirtschaftssubjekt wie Sie und ich auch, es ist einer der Teilnehmer an der Wirtschaft. Dieses Unternehmen muss nach Adam Smith auch ganz egoistisch sein. Und da seien Sie ganz sicher: Wenn hier jemand überhaupt egoistisch ist, dann sind es die Unternehmen. Und bei diesen hört sich purer Egoismus so an: »Wenn alle im TEAM für das Unternehmen arbeiten, so kommt für das Unternehmen das Beste heraus.« Der Team-Begriff steht also im Zentrum einer erfolgreichen Verschleierungstaktik des Unternehmens. Er suggeriert, dass Sie auch Teil des Ganzen sind und profitieren. Das ist nicht so gemeint. Der Satz »Wenn alle im TEAM sich für den Shareholder-Value ins Zeug legen und notfalls uneigennützig feuern lassen, so kommt insgesamt am meisten Profit heraus« sagt nichts über IHREN Vorteil aus! Er sagt nur, dass das Unternehmen egoistisch ist. Und ich sage – Sie sollen gegenhalten! Das Unternehmen erzielt seinen Nutzen durch Teamarbeit und Sie Ihren auf Ihrem eigenen Konto.

Die Wirtschaftstheorie von Adam Smith sagt aber leider nicht, ob es für Sie selbst zwangsläufig gut ist, wenn Sie kristallklar egoistisch sind. Das nimmt er wohl implizit an, aber es steht in dem dicken Dünndruckbuch nicht ausdrücklich drin. Dabei ist es eigentlich überhaupt nicht unmittelbar klar. Egoismus an sich ist noch kein Erfolgsrezept für sich allein.

Hier ist also eine zweite riesige Lücke in den menschlichen Gedankengängen, die es noch nicht gab. Wir nehmen eigentlich alle ganz simpel an, dass Egoismus sofortige Vorteile bringt. Das stimmt nicht in jedem Fall. Wer zum Beispiel stiehlt, verbessert zwar auf lange Sicht die Sicherheit der Gemeinschaft und der Polizei-Arbeitsplätze, kommt aber selbst ins Gefängnis. Wer als Zwangsneurotiker immerzu alles abputzt und abstaubt, arbeitet ganz klar zum Wohle des Ganzen, aber doch nicht für sein eigenes!

Egoismus muss also noch gut gekonnt werden! Das ist des Pudels Kern. Und davon handelt dieses Buch. Es hat dadurch eine große Bedeutung für unsere ganze Kultur, weil es weit über den selbst gesteckten Rahmen des ultimativen Management-Ratgebers hinausgeht.

Ich lehre Sie im Folgenden die Kunst des erfolgreichen Egoismus. Ich nenne meine Lehre Neurotic Leadership Programming. Sie werden sie noch kennenlernen.

Wenn Sie sich noch etwas zieren oder gar schämen, haben Sie natürlich ein Problem. Lesen Sie dann einfach Adam Smith über den Wohlstand der Nationen. Dort wird die These berühmt gemacht, dass die Welt blüht, wenn alle gut für sich selbst arbeiten. Das stimmt nicht so wirklich, aber es ist völlig in Ordnung, daran zu glauben. Dann geht es ihnen mit Ihrer Direkt-Karriere ethisch wieder gut. Adam Smith hat allerdings völlig übersehen, dass die meisten Menschen ganz unfähig sind und es daher insgesamt eher schadet, wenn sie egoistisch nur für sich selbst arbeiten. Sie begehen diesen Denkfehler nicht, oder?

Gekonnter Egoismus rettet die Welt, unfähig-unbedarfter Egoismus natürlich nicht – ebenso wenig wie schlechte Teamarbeit. Perfektionieren Sie also Ihren Egoismus und tragen Sie damit zum Wohlstand der Nationen bei.

Die Karriere-Pyramide

Zuerst muss ich Ihnen die Problemstellungen normaler Management-Karrieren vorstellen. Bitte werden Sie jetzt nicht ungeduldig. Dies ist ein ganz ungewöhnliches Buch, ich sagte es bereits. Normale Ratgeber erklären zuerst eine abstrakte Lösung und danach stottern die Autoren herum und suchen stoppelnd nach Problemen, die sich mit der Lösung lösen lassen. Sonst kauft ja keiner das Buch. Ich bestehe darauf, die Problemstellung zuerst zu schildern. Sie haben das Buch jetzt ja schon gekauft.

Die vier Stufen des Managements über dem Normalmenschen

Das Hauptproblem bei jeder Karriere ist die Schwierigkeit, dass sich der Managerberuf in verschiedene Stufen gliedert und eigentlich aus mehreren Berufen besteht. Diese Berufe erfordern für sich ganz andere Talente. Das verstehen leider die wenigsten. Selbst die nicht, die Manager werden wollen oder es schon sind. Es ist doch klar, dass Sie unten in der Karriere mehr gehorchen sollen und arbeiten wie ein Tier, während Sie oben selbst global wie ein Staatsmann agieren müssen. Unten wird Ihnen sehr deutlich gesagt, was Sie tun sollen, und oben müssen Sie das plötzlich selbst wissen und die anderen dazu zum Teil barbarisch zwingen. Unten haben Sie die Anweisungen von oben mit einem einzigen gereckten Stinkefinger hinter verschlossener Tür quittiert, oben aber wissen Sie hoffentlich später noch, wie sich Wälder von Stinkefingern an Ihnen auslassen. Es sind ganz verschiedene Berufe, oben und unten! Können Sie die alle talentiert ausführen?

Denken Sie also bloß nicht, Sie könnten einfach mit gekonntem Egoismus die Laufbahnleitern stürmen. Nein, es ist nötig, auch den Egoismus auf jeder Stufe neu zu lernen und zu perfektionieren. Sie werden gleich sehen, dass dies viel schwieriger ist, als Sie denken, weil jede Stufe eben auch einen anderen Charakter verlangt, unten mehr Esel, oben mehr Pfau oder Piranha – Sie verstehen?

Es gibt tatsächlich sehr viele verschiedene Managerberufe oder Berufs-charakteristika. Denken Sie nur an die notorisch extrovertierten Vertriebs-trommler, die blassen Buchhaltertypen oder die strengen Personaler, die sich als Über-Ich der Firma fühlen und am liebsten keine Gehälter zahlen wollen. Andere Berufe – andere Egoismen! Ein Vertriebsmanager jagt Verkaufsabschlüsse und schiebt Drückerkolonnen an. Ein Controller muss alles richtig rechnen und anderen vorrechnen …

Ich stelle Ihnen die verschiedenen Manager-Stufen einmal in einer ein-fachen Pyramidenform dar:

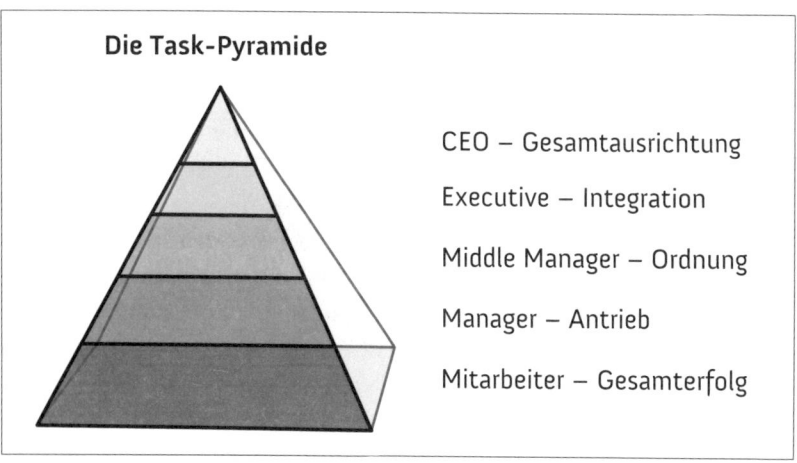

Die Task-Pyramide

CEO – Gesamtausrichtung

Executive – Integration

Middle Manager – Ordnung

Manager – Antrieb

Mitarbeiter – Gesamterfolg

Fangen wir unten an und gehen nach oben durch: Ganz klar unten rangie-ren die Mitarbeiter, die letztlich für den Erfolg des Unternehmens zustän-dig sind. Die Manager arbeiten ja nicht mit und ernten den Erfolg nur. Sie stellen ihn nicht her, das ist Sache der Mitarbeiter.
Über den Mitarbeitern organisiert sich also das ganze Management. Ich teile es in Stufen auf. Unten arbeiten die normalen kleinen Manager, die eine Abteilung führen und zum Teil noch persönlichen Kontakt mit den Mitarbeitern haben. Die Jobs unterer Manager heißen etwa Vertriebsleiter, Gruppenleiter oder Abteilungsleiter. Darüber erhebt sich das sogenannte mittlere Management oder Middle Management. Middle Manager leiten Hauptabteilungen und sind nur wirklich zufrieden, wenn sie den Direk-tortitel auf der Visitenkarte stehen haben. Weiter oben wird man Execu-

tive, etwa Werksleiter, Bereichsleiter, Ressortleiter, Produktionschef oder Ähnliches. Sie alle schmücken sich am liebsten mit dem Titel Vice President, wozu sie selbst bescheiden VP (gesprochen »Wiepie«) sagen. An der Spitze tummeln sich oft überraschend viele General Manager, Senior Vice Presidents oder zum Schluss der CEO, der große Boss (Chief Executive Officer). Der CEO herrscht über alle, die Ebene darunter wird als C-Level bezeichnet, dort arbeiten der COO (Chief Operating Officer), der CFO (Chief Finance Officer) etc. Zusammen leiten die CxO's (wie man sie alle zusammen abkürzt) das Unternehmen.

Ich will Ihnen kurz darstellen, wie verschieden sich die vier Managementberufe auf den vier Stufen darstellen. Die unterste Stufe null, auf der ich hier im Buch die Mitarbeiter sehe, müssen Sie natürlich ganz schnell verlassen.

Stufe 1: Unterer Manager oder »Abteilungsleiter mit Personalführung« (Antrieb, Drive)

Der untere Manager bekommt von oben herab Ziele, die er von seinen Mitarbeitern erreichen lassen muss. Diese Ziele werden meist nicht mit ihm besprochen, weil dazu die Zeit fehlt – so wird gesagt. In Wirklichkeit wollen sich die Middle Manager kein Gejammer anhören und nicht ihre ganze Zeit mit Streit verbringen. Deshalb rechnen sie die Ziele der unteren Manager irgendwie »objektiv« anhand von »Kriterien« aus und verbreiten sie wie eine wissenschaftliche Wahrheit. Wer dennoch gegen sie argumentiert, wird als leistungsunwillig abgetan, was aggressiv ein Karriereende andeuten soll.

Der untere Manager muss also die Mitarbeiter antreiben und nochmals antreiben, die geforderten unseriös hohen Leistungen zu erbringen. Damit er nicht müde beim Antreiben wird, muss er jede Woche zu einem sogenannten Review antreten und ganz zerknirscht den mangelnden Zielerreichungsgrad gestehen. Er kommt nur heil davon, wenn er mit lauten Worten schwört, alles sofort zu fixen und sich total zu committen (die geforderte Verpflichtung einzugehen) und sich accountable zu fühlen (Schuld bei Versagen zu tragen). Je geringer der Zielerreichungsgrad ist, umso häufiger muss er zum Review antreten, weil das jedes Mal seinen Adrenalinpegel so sehr hochschießen lässt, dass er wieder einige Stunden oder Tage gut antreiben kann.

Das Antreiben verlangt einiges Geschick. Am besten gibt man fähigen

Mitarbeitern hohe Ziele und unfähigen niedrige. (Sie können auf »gerecht« spielen und allen die gleichen Ziele geben, aber die bekommen Sie ja nicht geliefert. Sie können beiden, dem Fähigen und dem Unfähigen, das hohe Ziel für fähige Mitarbeiter vergeben, aber dann bricht der Unfähige in Verzweiflung aus und erstarrt in Angst oder Empörung. Lassen Sie bitte die Gerechtigkeit beim Antreiben weg.) Gut ist es, jeden Einzelnen zu fragen, ob er befördert werden oder sogar Manager werden will. Falls ja, gibt man ihm unmenschliche Ziele, schon im Vorgriff auf die Zukunft … Nach der Zielvergabe folgt eine Einschwörungsrunde, wo die fähigen Mitarbeiter verpflichtet werden, den unfähigen zu helfen bzw. deren Arbeit nebenbei mit zu erledigen. Das, so sagt man ihnen, sei der Kern des Teamgedankens. Und alle wissen: »Wir sind ein Team und arbeiten zusammen, jeder einzeln.«

Stufe 2: Mittlerer Manager oder »Hauptabteilungsmanager« für die Ordnung (Process-Tracking, Skalierung)

Der Hauptabteilungsleiter ist der Chef mehrerer gleichartiger Abteilungen, denen jeweils ein Abteilungsleiter vorsteht. Der Hauptabteilungsleiter bekommt ebenfalls unerreichbar hohe Ziele von noch weiter oben und muss dafür sorgen, dass sie erreicht werden. Er kann aber nicht mit der gleichen Strategienmenge operieren wie der Abteilungsleiter. Der Letztere kann davon ausgehen, dass es verschieden fähige Mitarbeiter gibt, die er je nach ihrer Belastbarkeit und Gutmütigkeit, je nach Pflichtbewusstsein und Loyalität ausnutzen muss. Er muss Seelen antreiben, indem er sie im Notzustand hält.

Hauptabteilungsleiter aber haben keine direkten Mitarbeiter, sondern nur abstrakte Abteilungen unter sich, die natürlich sehr verschieden sind – es gibt richtig gute und grottenschlechte. Das aber kann er nicht wirklich verargumentieren. Es ist zwar klar, dass Abteilungen verschieden gut sind, aber niemand kommt gegen eine allgemein geglaubte falsche Wahrheit an, die sich so anhört: »Ich habe zwanzig Leute in meiner Abteilung, in der anderen sind auch zwanzig. In beiden Abteilungen gibt es gute und schlechte Mitarbeiter, was sich in beiden Fällen zu einem durchschnittlichen Brei aufsummiert. Deshalb sind alle Abteilungen nach dem Gesetz der größeren Zahl in etwa gleich gut.« Na? Wir fühlen alle, dass das nicht stimmt, bei Fußballteams zum Beispiel ist es sicher falsch. Im Management aber ist die Annahme üblich, alle Abteilungen könnten und müssten sogar gleich gut sein, und zwar genauso gut wie die beste Abteilung. Das ist – wie gesagt – überhaupt nicht logisch, aber es lässt sich kinderleicht managen.

Der Hauptabteilungsleiter ruft allwöchentlich die Abteilungsleiter zum Review oder zum Bericht. Er schaut die Ergebnisse durch und blafft diejenigen unteren Manager demütigend an, die nicht so gut sind wie die beste Abteilung. Die wird nur ermahnt, bitte noch viel besser zu arbeiten. Diese Prozedur kennen Sie wahrscheinlich schon aus Ihrer Kindheit, wenn Sie Geschwister hatten. Die Eltern brüllten damals die Versagerkinder an, sich an den Lieblingskindern ein Beispiel zu nehmen. Diese in der Praxis der Erziehung fast bestmöglich bewährten Strategien bilden das Rückgrat des mittleren Managements.

Abstrakt gesprochen: Der Hauptabteilungsleiter versucht, als Gesamtleistung aller Abteilungen die Leistung der besten Abteilung multipliziert mit der Anzahl der Abteilungen zu erzielen. Man sagt dann: »Jetzt skaliert es.« Das Ganze ist die Summe der einzelnen gleichen Teile.

Um diese Skalierung zu erzielen, vergleicht er exzessiv die Abteilungen und beschimpft die schlechteren, also so ziemlich alle. Damit er das in objektivierter Weise kann, erhebt er von den unteren Managern eine unerträgliche große Menge von Kennzahlen und Daten, die – wie er sagt – der Steuerung der Hauptabteilung dienen. Diese Daten bilden die Basis seiner Macht.

Der Hauptsatz des Middle Managements heißt: »You get what you inspect.« (Du bekommst, was du inspizierst.) Die Technik besteht darin, alles zu inspizieren, was die beste Abteilung besser macht als die schlechteren. Das wurde in der Schule auch schon so praktiziert. Dort zeigte man schlechten Schülern die Zeugnisse der guten Schüler und verlangte, ihnen nachzueifern. Weil diese pädagogische Hauptmethode in der Schule so irre gut klappt, hat das Middle Management diese Methode auch auf seinen eigenen Thron gehoben.

Damit alles inspiziert werden kann, muss es in Daten gemessen werden. Dazu muss die Arbeit in messbare Prozessschritte unterteilt werden. Alles bekommt ein Preisschild, damit die Kosten transparent werden. Die unteren Manager müssen ärgerlich viele Berichte schreiben, Inputs liefern, Daten erheben und vor allem Fragebögen ausfüllen, bei denen fast keine Frage sie direkt betrifft. Das liegt daran, dass alle Fragebögen so entworfen werden, dass die Antworten leicht auszuwerten sind, aber in der Regel die

Fragen nicht verstanden werden können. Das Inspizieren, Monitoren, Kontrollieren und Tracken (amerikanisch für Verfolgen) ist viel wichtiger als das Arbeiten an sich. Der Ordnungsfanatismus erzwingt im Mittelmanagement die eigentliche Leistung, so wie das Antreiben der Mitarbeiter auf der untersten Ebene.

Stufe 3: Executives für die Integration der verschiedenen Bereiche

Executives oder höhere Manager leiten ganze Funktionsbereiche, zum Beispiel Personal, Rechtswesen, Patente, Marketing oder Liegenschaftsverwaltung. Das ganze Unternehmen ist in solche Bereiche eingeteilt. Große Bereiche sind oft die Produktion oder der Vertrieb, bei Banken auch die IT (Information Technology), kleine Bereiche sind der betriebsärztliche Dienst oder die Dienstwagenfuhrparkverwaltung. Sie alle müssen nun gut zusammenarbeiten. Um wieder dieses ganz abgedroschene Wort »Team« zu benutzen:

Die Bereiche einer Firma bilden ein »Team«. Sie müssen ineinander verzahnt sein und über ihre Bereichsgrenzen hin funktionieren. Mitarbeiter der verschiedenen Bereiche agieren zusammen, obwohl sie verschiedene Chefs haben und damit auch ganz andere Ziele und Vorschriften. Die Bereiche eines Unternehmens müssen integriert werden, um gut zusammenzuarbeiten.

Diese Integration gelingt selten, weil sich die Bereichsleiter egoistisch voneinander abgrenzen und nur für den eigenen Bereich etwas tun. Es liegt daran, dass auch sie unerreichbar hohe Ziele haben und ihnen in dieser Seelenlage nichts ferner liegt als anderen Bereichen zu helfen.

Blicken wir in die Praxis: Ein Unternehmen kann sein Geld in bessere Produkte investieren oder es kann mehr Vertriebsspezialisten einstellen, die die gleichen Produkte in größerer Zahl verkaufen werden. Was ist besser? Geld in die Produktion? Geld in den Vertrieb? Oder alles Geld in die Marketingabteilung für einen neuen Fernsehspot? Darüber muss das Topmanagement in der Regel lange und sorgsam nachdenken. Das geht so: Der Produktionschef denkt nach und sagt: »Geld zu mir!« Der Vertriebsboss denkt auch nach und kommt zu dem gleichen Ergebnis: »Alles Geld zu mir.« Da schließen sich die anderen an. Alle fordern leidenschaftlich: »Ich will investieren!« Das oberste Management bekommt also lauter sehr sorgfältig ausgearbeitete Entscheidungsvorlagen, in denen jeder Bereich beweist, dass er der wichtigste ist, aber noch lange nicht in der dominanten Position, die ihm zusteht. Sie bitten das Topmanagement um dessen Unterstützung.

Sie sehen, dass die ganze Planung des Geschäftes dem Wahlkampf der politischen Parteien in einer Demokratie ähnelt. Dort geht es zwar um Macht und nicht um Geld, aber in beiden Fällen dreht es sich natürlich um die Karriere dessen, der den Kampf um die Mittel gewinnt.

Executives stehen also permanent im Budgetkampf so wie Politiker im Wahlkampf. Dabei sollen aber ihre Bereiche eigentlich als TEAM zusammenarbeiten, so wie die Politiker auch, die zusammen zum Wohle des Landes wirken sollen. Das Topmanagement mag das gar nicht und drängt unaufhörlich auf die Zusammenarbeit oder – wie es heißt – auf die *Integration* der verschiedenen Bereiche. Es dringt darauf, dass die Bereiche miteinander harmonieren, was aber ganz unmöglich ist, weil ja die Bereiche miteinander um Bedeutung kämpfen.

Bisher gibt es in der Theorie des Managements großer Unternehmen nur ein einziges probates Mittel, gleichzeitig zu kämpfen und sich zu integrieren: Man veranstaltet endlose Meetings mit PowerPoint-Schlachten, in denen die Integration und der Teamgedanke beschworen werden. In solchen Meetings streiten sich die Bereiche mit unklaren Daten und Prognosen, welcher von ihnen sich auf Kosten anderer aufwerten oder ausweiten kann. Es werden Konflikte herausgearbeitet und Probleme herauskristallisiert. Jedes Problem wird durch die Gründung einer Task-Force gelöst, die das Problem ins Nirwana diskutiert. Wenn das Problem so sehr groß ist, dass es wie ein öffentlicher Vorwurf wirkt, ernennt man dafür extra einen neuen Vice President ohne viel Macht, der die Aufgabe übernimmt, das »zu fixen«. Geschickt verbindet man auf diese Weise das hässliche Problem mit dem Namen des Vice President. Für den Posten eignen sich naturgemäß Kandidaten, die längere Zeit nicht befördert worden sind.

Immer geht es im höheren Management um das Auskämpfen von Teamwork – das ist ein sehr schwieriges Geschäft. Viele Laien reden immer unbedarft von der Komplexität der Systeme und der Prozesse. Die entsteht ja gerade im Handgemenge dieser gemeinsamen Integration aller Bereiche. Einzelne Bereiche an sich sind ja nicht so komplex, weil das mittlere Management ja ordnungswütig ist. Dem mittleren Management wird etwas ganz anderes vorgeworfen, nämlich, alles zu simpel zu sehen. »Sie glauben, der Fragebogen trifft auf alles zu! Idioten! No-Brainer! Die Realität ist nicht so trivial!!« Die Komplexität der Systeme entsteht vor allem im

Zusammenspiel der Bereiche, die durch professionelle Egoisten geführt werden, die per Anreizsystem so bezahlt werden, dass sie spätestens jetzt zu Egoisten werden, wenn sie es nicht schon sind.

So, jetzt noch etwas über die Aufgaben der Geschäftsführung. Danach erkläre ich etwas zur Verrücktheit von Managementsystemen. Sie merken aber doch schon, dass sich die Ziele der Managementebenen nicht gerade gut ergänzen. Trotzdem managen alle Konzerne so und behaupten, es ginge nicht besser.

Stufe 4: Die Geschäftsführung für die Gesamtausrichtung

Der CEO ist mit seinen Senior Vice Presidents und General Managers für die Richtung des Ganzen verantwortlich. Das ist eine schwere Aufgabe, weil sich ja die höheren Manager in Richtungskämpfen gegeneinander aufreiben.

Der CEO sieht – gemeinsam mit den ganz normalen Mitarbeitern – zusätzlich noch, dass das Unternehmen Kunden hat. Die beschweren sich nämlich meistens direkt bei den Mitarbeitern, die leider subjektiv gar nichts dafür können oder eben gleich beim obersten Chef, der dafür eine nette Referentin hat, die die Kunden beruhigt.

Darüber hinaus hängt über dem CEO das Damoklesschwert des Aktienkurses. Davon wird später noch die Rede sein. Die Kunden wollen die Produkte umsonst haben, die Aktionäre den höchsten Kurs. Das muss auch in Einklang gebracht werden. Allein das ist so irre schwer, dass die Bereichskämpfe die Bosse ganz oben schlicht nerven.

Bosse sind meist glühend entsetzt oder enttäuscht, wie sich die höheren Manager bekriegen. Das haben sie früher selbst auch so gehalten, aber sie sind ja befördert worden. Die Kunst des höheren Managers ist es eben, die anderen so ins Schienbein und Höheres zu treten, dass es von oben wie eine konstruktive Aktion zum Wohle des Ganzen aussieht. Die Geschäftsführung muss also eine gewisse Einigkeit in das Bermudadreieck Management – Kunde – Aktienkurs bringen. Leider ist sie schon mit Kunden und Aktionären so sehr ausgelastet, dass es für das eigene höhere Management nur bei Appellen in Meetings bleiben muss. Mehr Zeit ist nicht! In jedem Quartal trifft sich der Geschäftsführer mit dem höheren Management und bringt ihm Teamwork bei. Erst werden streng die schlechten Zahlen vernichtend kommentiert, dann die Zusammenarbeit beschworen – und am

Nachmittag gibt es so etwas wie Spiele, die Breakout-Sessions heißen. Dort beschäftigt sich das höhere Management eine Weile mit einem aufgezwungenen Teamthema, währenddessen kann der Geschäftsführer noch produktive Arbeitszeit in einem Flur mit Handy, Kaffeekanne und Leibassistenten nutzen.

Er fühlt sich dabei so schrecklich, dass er träumt, alles zu reorganisieren. Die Bereiche müssten so zugeschnitten sein, dass sich das höhere Management nicht streitet, weil alles schon von vorneherein integriert ist! Deshalb denken die Bosse Tag und Nacht über eine neue Organisation nach. Alles anders! Am besten ein neues Logo, das ist schon die halbe Miete! Vielleicht gibt es auch neue Beratungsthemen von sündhaft teuren Beratern, die alles umdrehen und jeden killen, der nicht teamfähig ist! Oder sollte man die fünf gefährlichsten Wettbewerber im Markt aufkaufen und zu einer Firma verschmelzen? Dann kämpfen die höheren Manager eventuell nur gegen die Neuen und vertragen sich wieder?

Über die Verrücktheit normaler Managementsysteme

Lassen Sie uns die Tätigkeiten der Managementebenen nüchtern zusammenfassen:

→ Das unterste Management treibt nur an, ein unerfüllbares Ziel zu erreichen, wobei alle ein bisschen schummeln. Das hält der Manager selbst ein bisschen für legitim, weil es ja weiterbringt. Er fordert, bis an jede Grenze zu gehen, auch darüber, wenn er nicht hinschaut. »Er motiviert Menschen.« Das klappt nicht, aber er wird dafür befördert.

→ Das mittlere Management dringt darauf, dass alle Abteilungen gleich gut sind. Das erreicht es dadurch, dass es alle Abteilungen zu Klonen einer guten Abteilung machen will, so als würde ein Lehrer alle Schüler zu Primussen erziehen. Das klappt nicht, aber ...

→ Das höhere Management streitet sich um die Integration und kämpft. Dabei entstehen ganze Begründungsimperien im Hauptquartier, die man Wasserkopf nennt. Für jedes Problem ein Vice President mit Flur dazu, der alle anderen mit seinem Problem per Mail nervt. Auf eine solche Weise kann eine Integration offenbar nicht gelingen, aber alle werden dafür befördert.

→ Die Geschäftsführung wird zwischen Kunden und Börse zerrissen und muss aus Zeitnot darauf vertrauen, dass das höhere Management die eigentliche Betriebsführung über die Bühne bringt. Im Boom streiken plötzlich Mitarbeiter, die nun auch einmal bemerkt werden. Der CEO geht am besten in Pressekonferenzen und doziert, dass die Firma »jetzt gut aufgestellt ist«.

Unten wird bedingungslos blind angetrieben, danach wird das Blinde geordnet und gleichgeschaltet, darüber kämpft das brutal Geordnete mit den anderen Bereichen um die Art der Gesamtordnung und einen guten Platz darin. Ganz oben beschwört der Boss ganz ohne Hoffnung die Einigkeit hinter der gesetzten Strategie. Unten ist ja nur Kampf! Wie sollen Manager, die nur gekämpft haben, plötzlich integrieren und »teamen«? Der CEO versucht sie umzupolen, von Fleischfressern zu Weidetieren. Er versucht, das höhere Management zu resozialisieren. Er redet endlos den tollen Hechten zu, wie Karpfen sein zu wollen. Zur Unterstützung seiner Bemühungen werden Personaler geschickt, die die hochaggressiven Manager zur Teamtauglichkeit verkarpfen sollen. Die Personaler sagen (Sie müssen das jetzt bitte nochmals genüsslich lesen, schön langsam, sachte, und genießen):

Verkarpfung der Hechte

»Der Manager muss gut zuhören, Verantwortung tragen, Risiken übernehmen, aktiv sein und natürlich proaktiv, gehorsam sein, ehrgeizig sein für das Unternehmen, wach, bewusst, logisch, analytisch, ausgeglichen, intelligent, loyal, einfach, einfühlsam, aufmerksam, stabil, stetig, balanciert, höflich, mutig, begeistert, dem Unternehmen hingegeben, direkt, klar, flexibel, committed, kreativ, innovativ, bescheiden, tolerant, hilfsbereit, hart in der Sache, objektiv, sicher im Auftreten, nett, humorvoll, reif, leidenschaftlich, sozial, fest wie ein Fels, weise, vertrauenswürdig, geduldig, positiv, körperlich fit, fair, vorausschauend, kompetent, eifrig, auf Hochleistung eingeschworen, emotional intelligent, entscheidungsfreudig, offen, optimistisch, sensibel, nie aufgebend, pragmatisch, zielorientiert, immer im Dienst, pünktlich, sparsam, lobend, fördernd, coachend, stressresistent, diszipliniert, glücklich, zum Erfolg getrieben, immer eine gewinnende Attitüde ausstrahlend, allzeit bereit.«

So soll plötzlich ein echter Leader sein, der vorher bedingungslos antrieb und ordnungswütig Review auf Review inszenierte? Wie soll das gehen? Das ist eine fast verrückte Umpolung im Menschen!

Ich will gar nicht sagen, dass das unmöglich ist – aber so ziemlich, oder? Ich rate deshalb zur Direkt-Karriere. Ich rate Ihnen hier im Buch, all diese Verrücktheiten je nach Bedarf einfach mitzuspielen. Das ist viel einfacher, als immer neu echt verrückt zu sein.

Verrückte Brüche im Menschenbild

Wenn man Kinder verwöhnt, brüllen sie auch noch um das dritte Eis. Wer sie aber grausam rigide unterdrückt, wird von ihnen nicht einmal um ein erstes Eis gebeten. Kinder reagieren ja auf ihre Behandlung durch die eigenen Eltern. Die Psychologie oder der gesunde Menschenverstand sehen drei Hauptstrategien für Kinder: gnadenlos trotzig gegenhalten, nahtlos anpassen oder sich nach innen, ins Kinderzimmer, hinter Bücher oder den Computer zurückziehen oder selbstvergessen mit Baukästen oder im Wald spielen. Kämpfen, anpassen oder aussteigen.

Das ist bei Mitarbeitern auch so. Sie können kämpfen, gehorchen oder kündigen, wenn sie rigide behandelt werden und unter den unerreichbaren Zielen stöhnen. In wirtschaftlich schlechteren Zeiten aber haben das Kämpfen und das Kündigen sehr nachteilige Folgen. Wer kämpft, wird gefeuert. Wer geht, bekommt keine Arbeit woanders. Das ist anders als bei Kindern. Die können nicht so ohne Weiteres gefeuert werden, also einiges mehr riskieren als ein Mitarbeiter.

Mitarbeiter passen sich also wohl oder übel an. Die Kämpfer und inneren Kündiger verlieren so irre viel seelische Energie durch das Verbiegen ihrer Persönlichkeit zur Anpassung, dass sie nur halb destruktiv und zynisch (die Kämpfer) oder resigniert weggetreten (die inneren Aussteiger) arbeiten. Die aber, die sich sowieso immer anpassen, sind sehr gekränkt und fühlen sich düpiert, weil sie andauernd gezwungen werden, sich anzupassen, obwohl sie es freiwillig täten. Unter dem großen Druck, den das Management erzeugt, sind also alle Mitarbeiter in einem je nach Art verschiedenen Müdigkeitszustand, den es durch dauerndes Anfeuern des Managements zu durchbrechen gilt.

Der Manager, der sie durch Druck ganz matt hat werden lassen, will nun immerfort, dass die Mitarbeiter lebhaft und engagiert sind. Er will, dass sie gut zuhören können sollen, Verantwortung tragen, aktiv sind und nett usw. usw. Diese ganze Litanei guter Eigenschaften haben sie ja eben gerade in der langen Aufzählung gelesen. Gleichzeitig setzt das untere Management weiterhin die Mitarbeiter unter hohen Stress und schnauzt sie dauernd an, noch härter zu arbeiten. Wenn man aber Menschen wie Taugenichtse behandelt, obwohl sie ihr Bestes tun, passiert etwas Schreckliches in dem ganzen Geflecht der menschlichen Beziehungen. Das erkläre ich Ihnen an Ergebnissen von älteren, ganz bekannten Untersuchungen am MIT, die zur Definition zweier Menschenbilder führten. Sie heißen Theorie X und Theorie Y. Ich skizziere sie kurz. Also:

Der MIT-Professor Douglas McGregor präsentierte 1960 in seinem Buch *The Human Side of Enterprise* zwei einschneidend verschiedene Grundauffassungen vom Menschen an sich. Er nannte diese beiden Auffassungen Theorie X und Theorie Y. McGregor wollte mit dem Werk gegen das Bild der Theorie X Protest einlegen und für die Theorie Y plädieren. Theorie X war damals die im Management herrschende Auffassung vom Menschen, insbesondere die vom Arbeiter.

Theorie X: Der Mensch ist von Natur aus faul und arbeitsscheu. Er tut nicht mehr, als er für sein Überleben tun muss. Er ist nicht ehrgeizig. Er geht Schwierigkeiten aus dem Weg. Er drückt sich, wo er kann. Er scheut Verantwortung und Eigeninitiative. Oft ist er nicht einmal für Geld bereit, hart zu arbeiten. Der Mensch will nichts von sich aus leisten. Man muss ihn deshalb anleiten und führen, ihm genau sagen, wo es langgeht, und am besten alle Arbeitsschritte exakt vorschreiben und auch die Zeit vorgeben, in der diese Schritte abzuarbeiten sind. Der Mensch ist ausschließlich extrinsisch, also von außen, motiviert. Er muss gezwungen werden, durch Belohnungen gelockt oder bei Fehlhandlungen und Minderleistungen bestraft werden. Durch Kontrolle und Steuerung wird ihm sein Verhalten im Wesentlichen genau vorgeschrieben.

Theorie Y: Der Mensch ist aus seinem Innern heraus aktiv und sieht in tätigem Streben einen hohen Wert im Leben. Er ist intrinsisch, also von innen heraus, motiviert und leistungsbereit. Wenn die Arbeit für ihn sinnvoll und die Leistung erstrebenswert ist, dann übernimmt er gerne die Verantwortung, zeigt Eifer und Willen und ist zur Selbstdisziplin fähig und bereit. Er arbeitet von sich aus bestmöglich. Deshalb ist eine Kontrolle seiner Leistungen unter Androhung von Sanktionen praktisch nicht nötig. Entstehende Probleme löst er selbstständig mit Erfindungsgabe, Beharrlichkeit und Urteilsvermögen. Das Management muss für eine Organisation der Arbeit und ihrer Ziele sorgen, die dem Menschen einen sinnvollen Tätigkeitsrahmen steckt.

So weit McGregor. Sie sehen, Sie und ich sind ganz klar Y-Menschen, aber unser Chef sieht das leider nicht ganz genauso. Er sagt uns sehr detailliert, was zu tun ist. Das ist ein ganz universelles Phänomen! Wir würden gerne allgemein in einer Y-Welt leben, aber wir arbeiten de facto in einer fast reinen X-Welt. Die Arbeitswelt berücksichtigt das Gute in uns, den strebenden, fleißigen menschlichen Kern eigentlich nicht.

Wenn man Menschen wie Tiere behandelt, arbeiten sie wie Tiere.

Wenn man Mitarbeitern unerreichbare Ziele setzt, tun sie im Sinne der Ziele niemals genug. Der Manager VERGISST aber in der Regel, dass die Ziele unerreichbar sind und fordert sie ganz cool ein. Er bekommt sie nicht. Deshalb wird er böse und droht den Mitarbeitern, weil sie gemessen an den Zielen nicht genug leisten. Währenddessen zerreißen sich die Mitarbeiter und tun ihr Bestes in jeder Minute. Wenn jetzt der Manager eine noch höhere Leistung verlangt, bekommt er nicht ein müdes Prozentchen mehr, weil die Mitarbeiter ja schon ihr Bestes tun. Was denkt der Manager dann? »Sie sind faul und arbeiten nur bei Tritten von hinten. Sie sind nicht ehrgeizig, das Ziel zu schaffen. Sie machen nichts von sich aus. Ich muss immer hin und genau sagen, was sie tun sollen. Sie tun das dann schon, lassen aber prompt im Gegenzug etwas liegen. Das hatte ich nicht verlangt! Sie müssen MEHR tun. Aber sie sagen, sie tun, was ich neu verlange, lassen aber anderes weg. Ich werde sie stärker kontrollieren und bestrafen, damit sie ihr Bestes geben!«

Sie sehen an diesen Überlegungen, dass die heute gängigen Managementtechniken und besonders der Hang zur Vergabe von zu ehrgeizigen Zielen eine Abwertung des Menschen erzeugt. Gute Menschen werden als schlecht angesehen. Die Theorie X ist objektiv falsch, aber die Arbeit wird so organisiert, dass es so aussieht, als wenn Theorie X lückenlos korrekt ist. Die ursprünglichen Y-Menschen sehen von außen so aus, als wären es X-Menschen. Wenn ein Y-Mensch im Betrieb Widerstand leistet und für das Menschenbild Y plädiert, wird er als Abweichler in Bedrängnis gebracht. Die anderen scheinbaren X-Menschen flüstern ihm laut zu: »Benimm dich wie X, sonst ruinierst du dich!« Diese erfahrenen Mitarbeiter wissen, dass sie X spielen müssen und nur privat wie Y schuften, wenn sie sich als Ehrenvorsitzender für ihren Ortsverein oder den schmucken Schrebergarten abplagen. Sie wissen, dass sie das Verrückte mitspielen müssen. Sie sind eigentlich herrliche Rennpferde, aber sie müssen sich wie Esel zur Arbeit prügeln lassen.

Das müssen Sie als Führungskraft auch. Sie müssen in der verrückten Welt der Ökonomie Ihre Rolle einnehmen, einüben und spielen. Dazu werde ich Sie in diesem Buch anleiten.

Rollenspiele im Management

Bevor Sie aber Ihre Rolle als Führungskraft trainieren und damit Ihre Direkt-Karriere anstreben, müssen Sie ganz klar verstehen, dass es eben verschiedene Rollen in verschiedenen Managementpositionen auszufüllen gilt. Auf jeder Stufe Ihrer Direkt-Karriere wird ein ganz anderes Spiel nach anderen Regeln gespielt.

Sie müssen sich wandeln wie ein Chamäleon.

Das sollte Ihnen eigentlich nach dem Vorstehenden klar sein. Im unteren Management, im mittleren, dann höheren und zum Schluss im obersten Management sind je andere Talente gefragt. Sie müssen also für jede Stufe neu lernen. Sie müssen sich neu erfinden.

Eines möchte ich hier nun ganz eindringlich sagen, bevor ich Ihnen die verschiedenen Rollen darstelle. Kennen Sie das Peter-Prinzip? So lautet der Titel eines schon jahrzehntealten Buches von Laurence J. Peter. Das schmale Bändchen behandelte die zentrale These: »Jeder wird so lange befördert, bis er unfähig ist.« Wenn Sie nämlich gut sind, werden Sie befördert. Erst wenn Sie mal nicht gut sind, werden Sie nie mehr befördert und bleiben, wo Sie gerade sind. Nach und nach werden alle befördert, bis sie schlecht sind. Deshalb sind fast alle Menschen im jetzigen Job unfähig, verstehen Sie? Das ist in der Schärfe jetzt etwas überzogen, aber in tragischer Weise richtig. Es wird immer übersehen, dass das verrückte Managementsystem aus verschiedenen Verrücktheiten besteht. Eine Karriere verlangt, dass Sie die alle mitmachen können!

Sie kennen doch bestimmt ein Ingenieursgenie, das als Abteilungsleiter versagte? Solche Leute versagen sogar fast immer. Hochgefährlich, sie zu befördern! Da sie Genies sind, schauen sie ohnehin mitleidig auf die Kollegen neben sich, die es nicht bringen, weil sie zu wenig üben und kaum etwas am Wochenende lernen. Wenn sie dann deren Chef spielen sollen, befehlen sie ihnen vor lauter Freude an der neuen Macht, zu lernen und Genies zu werden. Das schaffen die normalen Mitarbeiter nicht und tun nur noch zähneknirschend, was ihnen der neue Chef aufbrummt. Sie benehmen sich also aus der Sicht des Genie-Chefs nun wie X-Menschen. Das ist noch ganz normal, das ist ja bei allen Managern so.

Der Clou: Das Genie will im Gegensatz zu durchschnittlichen Managern, dass sie alle ganz, ganz tolle Y-Menschen werden sollen. Das ist ein unerreichbares Ziel, also werden sie X-Menschen. Jetzt kommt es zu einer Gewaltspirale und alles crasht.

Alles klar? Deshalb wird eine überexzellente Lehrerin, die man zur Schuldirektorin macht, zu einer X-Schüler-Produktionsmaschine. Die Schule kommt in Verruf und steigt ab.

Solche Katastrophen ereignen sich, weil die Besten indirekt eine andere Verrücktheit anzetteln, als es im Management normal ist. Bitte: Lernen Sie nur diejenigen Verrücktheiten zu spielen, die ich Ihnen hier empfehle. Keine anderen! Wenn Sie es mit anderen Verrücktheiten schaffen sollten, haben Sie ein Wunder vollbracht. Das ist möglich, aber schreiben Sie dann kein Buch darüber, um es allen Sterblichen zu empfehlen. Das ist eine fast gemeingefährliche Unsitte von unethischen Bestsellerautoren, die immer mit Titeln »Wie es die Besten schafften« auftrumpfen müssen. Sie besuchen zehn Milliardäre und interviewen diese Genies, wie das zuging, und machen ein leicht verständliches Rezept daraus (»Mach erst eine Milliarde, mehr nicht. Dann erst die zweite!«). Dann kommt alles als Megabestseller heraus. Im Grunde sollen Sie überredet werden, etwas mitzuspielen, was Sie überhaupt nicht können!

Wenn Sie den Hymnen solcher Irrlehren folgen, versuchen Sie, den beschriebenen glorifizierten Genies nachzueifern – und Sie werden gnadenlos scheitern. Dann sind sie am Ende doch nur ein x-beliebiger Gescheitter. Lernen Sie deshalb, was jeder kann: Neurotic Leadership Programming!

Die Idee, verrückt zu spielen

Worum geht es dabei?

Verstehen Sie die neurotischen Wirkweisen in Managementsystemen und finden Sie Ihren Platz darin. Die meisten Karrieristen werden verrückt, wenn sie nicht weiterkommen. Sie werden ängstlich, nervös, gehemmt, hündisch unterwürfig – ganz verzweifelt.

Diese Art von depressiven Verrücktheiten helfen nicht weiter und versenken eine Karriere ganz. Das gilt auch für Verrücktheiten, die wie letzte Gewaltmaßnahmen für einen Befreiungsschlag aussehen. Lassen Sie das! Lassen Sie sich auf die unabdingbaren Merkwürdigkeiten großer Systeme ein und lernen Sie, mit diesen zu spielen.

Klagen Sie nicht über die Zustände! Schimpfen Sie nicht, alles sei chaotisch und durchgedreht. Spielen Sie das Verrückte so mit, dass es sie trägt und erhebt.

Machen Sie Direkt-Karriere!

Neurotic Leadership Programming

Die Urkraft neurotischen Verhaltens

Viele Ratschläge, die ich Ihnen für alle vier Managementebenen im Buch gebe, laufen darauf hinaus, so etwas wie »das Theater mitzuspielen«, das sagte ich schon. Das richtige Spielen erzielt schon die Beförderung, weil Sie damit das »Potential zeigen«, das man von Ihnen als Führungskraft erwartet und schon sehen will. Sie müssen verschiedene Rollen einüben, die des Antreibers, der Ordnungswütigen, die des Interessenvertreters für Ihren Bereich oder die einer »Celebrity«, einer öffentlichen Berühmtheit, die als Chef eines Großunternehmens im Fernsehen auftritt. Diese Rollen (»job roles«) müssen Sie vor allem bezwingend spielen. Bezwingend! Das ist das Zauberwort. Andere Menschen müssen sich ja durch Ihr Spiel beeinflussen lassen, insbesondere härter zu arbeiten.

Die Hauptidee besteht nun darin, entsprechende Kräfte im Menschen zu studieren, die ihn andere Menschen bezwingen lassen.

Erinnern Sie sich an das Kind mit dem Eis? Es schrie kompromisslos und bezwang alle. Die Kraft im Kind ist eine Art neurotischer Urkraft, gegen die wir nichts ausrichten können. Wir kapitulieren alle vor vielen solcher Urkräfte. Wir resignieren bei Putzteufeln, ergeben uns vor Selbstmorddrohungen, laufen bei Gewalt weg und gehorchen unter Hagelschauern von Vorwürfen.

Wenn wir also von den irre starken Kräften der Neurotiker bezwungen werden können, dann liegt es nahe, diese Kräfte zu studieren und für das Management nutzbar zu machen. Diese grandiose Idee, die menschlichen Triebe in Treibkräfte umzuwandeln, nenne ich Neurotic Leadership Programming.

Ich zeige Ihnen, dass die optimalen Antreiber-Manager so etwas wie effektive Hyperaggressive sind, dass die optimalen Ordnungshüter effektiv die Urkräfte des Zwangsneurotikers nutzen. Die nur Interessen vertretenden Bereichsleiter, die immer nur reden und reden, können als effektive Hysteriker gesehen werden und die Bosse als begnadete Maniker und Narzissten.

Viele meiner Ratschläge nähren sich nun von der Idee, die Triebkräfte der verschiedenen Neurotiker effektiv für Ihre Direkt-Karriere einzusetzen. Damit ist auch klar, dass Sie erfolgreich sein werden, weil ja auch Neurotiker ohne jede Arbeit ihren Willen durchsetzen können (»Ich will ein Eis!«). Mein Rat ist für jedermann geeignet und führt zum Erfolg. Die Lehre von Neurotic Leadership Programming lautet:

Spielen Sie effektiv verrückt.

Das wird Ihnen natürlich als Aussage verrückt vorkommen. Oder Sie halten mich für verrückt, weil ich auf so eine Idee komme. Ich habe sie aber eigentlich aus einer wissenschaftlichen Studie, in der man nachgemessen hat, dass hohe Manager sehr hohe Neurosewerte erzielen! Verstehen Sie? Hohe Manager spielen wirklich und wahrhaftig verrückt! Nicht alle natürlich, sonst würde die Wirtschaft nicht funktionieren, aber im Durchschnitt gesehen schon.

Bevor ich Ihnen dieses bedeutende Ergebnis der Wissenschaft zitiere, um Sie mit der Idee des Neurotic Leadership Programmings zu überzeugen und zu begeistern, möchte ich noch einen Satz aus den Werken des Urpsychologen Alfred Adler zitieren, der mir lange im Kopf herumgegangen ist. Alfred Adler arbeitete einige Zeit mit Freud und Jung zusammen und lehrte seine Individualpsychologie, nach der alle Menschen Macht anstreben. Mit allen Mitteln, wenn es sein muss! Und die Neurosen der Menschen deutete Adler als Versuch, irgendwie doch in unterlegener Position an die Macht zu kommen. Adler sagt immer wieder in seinem Werk:

»Der Nervöse stellt andere Menschen in seinen Dienst.«

Depressive erweinen sich Hilfe, Narzissten zwingen andere, sie zu bewundern. Hysteriker erzwingen zustimmenden Beifall, extrem schüchterne Autisten ziehen sich hinter eine emotionale Mauer zurück, an der andere abprallen.

»Wenn du nicht mit mir ins Bett gehst, schneide ich mir selbst die Kehle durch.« Oder: »Wenn nicht dauernd einer bei mir ist, wird mein Krebs sofort schlimmer, das merke ich gleich an meinen heftigen Schmerzen.« Oder: »Wenn ich nicht doppelt so viel Taschengeld bekomme, werde ich im Laden stehlen. Wenn ich erwischt werde, sage ich bei der Polizei gegen euch aus.« Oder: »Entweder du gibst mir Geld, Schatz, oder ich betrinke mich doch wieder, weil du mich zerbrichst.«

In solchen Fällen droht ein Mensch dem anderen ein schlimmes Problem an, er kann glaubhaft machen, dass er dem anderen bei Nichterfüllung »eine große Baustelle aufmacht«, wie man so sagt. Da knickt der andere ein und kauft ein Eis oder geht ins Bett. Es ist jeweils das kleinere Übel. Für die Erfüllung der Forderung leistet der »Nervöse« nichts. Der Trick des Neurotischen ist es, dem anderen emotional oder machttechnisch den Hals umzudrehen. Wenn wir nämlich nicht gehorchen, platzt eine Bombe. Die Polizei kommt, der Krebs wird schlimmer, ein Trinkerrückfall ist vom anderen verschuldet. Diese Drohungen haben eine fast mystische, durchdringende Kraft, gegen die wir uns wehrlos fühlen. Wir gehorchen also und kommen uns ausgenutzt vor. Wir kapitulierten vor der Urgewalt des Neurotischen.

Ich stelle jetzt einmal eine zu diesem Zeitpunkt ganz unverschämt freche und auch sehr unfaire Verbindung her:

»Der Manager stellt andere Menschen in seinen Dienst.«

Und noch eine: Die Drohungen eines Managers haben eine fast mystische, durchdringende Kraft, gegen die wir uns wehrlos fühlen. Wir gehorchen also und kommen uns ausgenutzt vor. Wir kapitulierten vor der Urgewalt der Vorgesetztenmacht. Diese Urkraft gilt es zu beherrschen und in den Dienst der Direkt-Karriere zu stellen.

Sind Business-Manager neurotisch?

2005 veröffentlichten Belinda Jane Board und Katarina Fritzon die Ergebnisse einer heute weltbekannten Studie (»Disordered personalities at work«. In: *Psychology, Crime and Law*, 11, 17–32). Sie interviewten 39 hochrangige Executives von britischen Firmen und führten mit ihnen Persönlichkeitstests durch. Sie verglichen die »Neurosewerte« dieser Topmanager mit den Werten von geistig Kranken, Menschen mit psychopathischer Persönlichkeitsstörung und von Patienten in klinischer psychiatrischer Behandlung.

Die Tests bezogen sich auf 11 verschiedene Merkmale oder Neurosen, die man normalerweise in der Psychologie als Persönlichkeitsstörungen unterscheidet: histrionisch (»theatralische Persönlichkeit«, früher sagte man hysterisch), narzisstisch, zwanghaft, antisozial, abhängig, borderline, passiv-aggressiv, paranoid, schizotypisch, schizoid, vermeidend.

Was kam heraus? Die Executives toppten alle in den Werten für »histrionisch« und zogen bei »zwanghaft« und »narzisstisch« mit den klinischen Patienten in etwa gleich. Sie waren dagegen wenig abhängig oder passiv-aggressiv, aber das ist ja klar. Schauen wir, wie Menschen aussehen, die hohe Werte wie beschrieben haben:

→ Zwanghafte Persönlichkeitsstörung: suchtartiger Perfektionismus, extreme Hingabe an Arbeit, Rigidität, Sturheit, Härte, Unbeugsamkeit, Hang zu diktatorischem Verhalten.
→ Histrionische Persönlichkeitsstörung: Unaufrichtigkeit, oberflächlich-flüchtiger Charme, Egozentrizität, Manipulativität – steht am liebsten immer im Zentrum der Aufmerksamkeit, braucht viel Applaus.
→ Narzisstische Persönlichkeitsstörung: grandioses Auftreten, Selbstbezogenheit, Fehlen von Empathie für andere und ausbeuterisches Verhalten.

Board und Fritzon denken in ihrer Studie über Erklärungen nach und schließen aus den Ergebnissen: Die Business-Manager sind für sie *erfolgreiche Psychopathen* und die Kranken oder »Eingewiesenen« eben *erfolglose* Psychopathen. Topmanager könnten in der Lage sein, neurotische Urkräfte für ihre Karriere nutzbar zu machen, so Board und Fritzon. Die Kräfte, die normale Menschen in Konflikt mit Gesellschaft und Gesetzen bringen, bändigen Manager in nützlicher Weise für ihren eigenen Erfolg.

Offenbar sind die Kräfte des Theatralischen (»histrionisches Verhalten«), des inneren Zwanges und der Selbstliebe diejenigen, die sich am besten in Erfolg und klingende Münze umsetzen lassen. Leider sind in der Studie nicht alle Persönlichkeitsstörungen untersucht worden. Depressivität fehlt! Aber klar, die brauchen wir hier auch nicht zu betrachten. Depressive drohen mit Selbstmord oder weinen um Hilfe und stellen damit ihre Umgebung in ihren Dienst. Das funktioniert aber nur im privaten Bereich oder bei Mitarbeitern. Als Managementmethode, große Zahlen von Mitarbeitern zum Arbeiten zu zwingen, taugt dieses Verfahren natürlich nicht.

Jammerschade, dass die Manie in der Studie nicht untersucht wurde! Kennen wir denn nicht alle eine Unzahl von Fällen, wo im Namen der Globalisierung euphorisch alles Geld in Firmenübernahmen floss, die zur Katastrophe führten? Wird nicht gerade von den obersten Managern immer die Begeisterung beschworen, die uns alle packen soll? Da ist doch ganz sicher etwas Manisches am Werk?

Topmanager sind augenscheinlich in der Lage, die stärksten Urkräfte bestimmter »Neurosen« für sich selbst und ihre Karriere nutzbar zu machen. Sie können offenbar Triebkräfte in Treibkräfte verwandeln.

Neurotic Leadership Programming macht sich diese Erkenntnisse zunutze, studiert und lehrt, innere Triebkräfte als Treibkräfte ganz direkt für die eigene Karriere einzusetzen. Bevor wir damit hier im Buch beginnen, will ich diese Kräfte für Sie ordnen. Bereiten Sie sich jetzt auf ein echtes Aha-Erlebnis vor.

Die Drive-Pyramide

Das deutsche Wort »Trieb« heißt im Amerikanischen »Drive«. Es klingt viel sympathischer, oder? So etwa stelle ich mir den Unterschied zwischen echten Neurotikern und Managern vor:

Neurotiker werden vom Trieb beherrscht – Manager zeigen aktiv Drive.

Das, was die Amerikaner eigentlich mit Drive meinen – Schwung, Elan, Ehrgeiz, Unternehmungsgeist, Dynamik – könnte im Deutschen Treibkraft heißen. Die Triebkraft beherrscht mich, sie ist mein Herr. Aber ich setze aktiv die Treibkraft ein, ich sitze am Steuer, ich habe die Kontrolle, ich habe Drive, ich bin der Driver, der Steuermann und Antreiber. Die Kraft ist dieselbe! Aber einmal beherrscht sie mich und einmal beherrsche ich sie.

Neurotic Leadership Programming zielt auf die Beherrschung der Urtreibkräfte des Menschen und ihre Ausnutzung für eine Direkt-Karriere.

Schauen wir noch einmal auf die verschiedenen Managementebenen! Sehen Sie bitte genau hin. Fragen Sie sich: Welche Treibkräfte werden in jeder Stufe hauptsächlich benötigt?

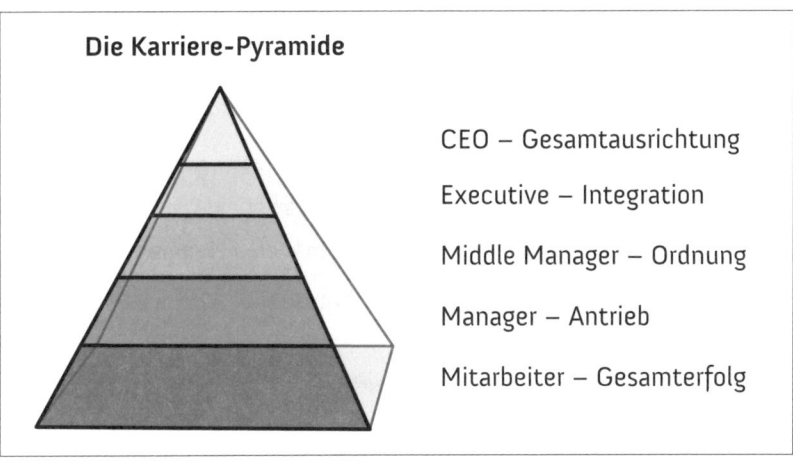

Die Karriere-Pyramide

CEO – Gesamtausrichtung

Executive – Integration

Middle Manager – Ordnung

Manager – Antrieb

Mitarbeiter – Gesamterfolg

Das müssten Sie nach der Lektüre der letzten Seiten, wo es um die Aufgaben der einzelnen Stufen ging, jetzt eigentlich ganz gut wissen:

→ Abteilungsleiter: antreiben, Stress und Druck weitergeben, auf Termine drücken, jede Menge Aktivitäten in Gang setzen.
→ Mittelmanager: stur auf Einhaltung aller Regeln dringen, alles in immer neu entworfene Prozeduren pressen, prüfen, kontrollieren und zurechtweisen.
→ Executive: glänzen in Meetings, um den eigenen Bereich in den Vordergrund zu spielen; jonglieren mit Task-Forces und vorankommen durch gute Firmenpolitik.
→ Geschäftsführung: großartige Strategien entwerfen und dafür die Aktionäre, vielleicht die Kunden und zuletzt auch die Belegschaft mit größter Begeisterung erfüllen. Auftreten wie ein König.

Alles klar? Und jetzt – Tusch! – zeige ich Ihnen, wie diese verschiedenen Managementaufgaben in den verschiedenen Stufen schlagend deutlich mit den verschiedenen sogenannten neurotischen Triebkräften korrelieren, die die Studien in Business-Executives finden.

Die Drive-Pyramide →   **47**

Schauen Sie sich die folgende »Drive-Pyramide« an.

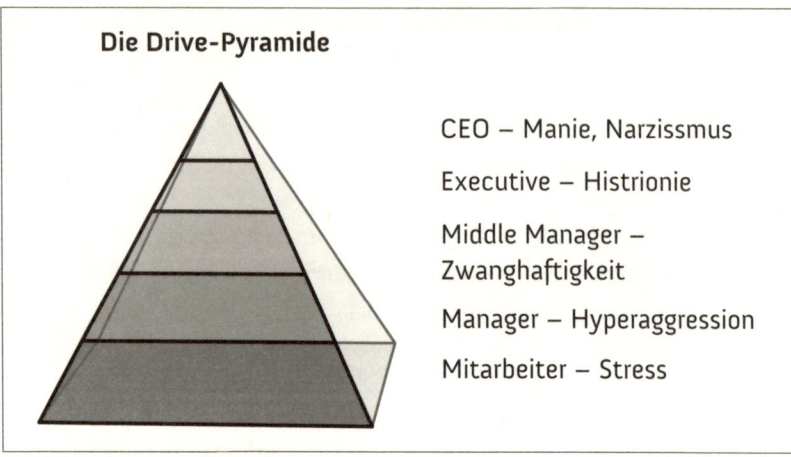

Die Drive-Pyramide

CEO – Manie, Narzissmus

Executive – Histrionie

Middle Manager –
Zwanghaftigkeit

Manager – Hyperaggression

Mitarbeiter – Stress

→ Mitarbeiter werden unter die Treibkraft »Stress« gesetzt.

→ Abteilungsleiter treiben sie höchst aggressiv an.

→ Das mittlere Management ordnet alles perfektionistisch.

→ Die Executives »treiben ihre politischen Spielchen um ihre Bereiche«. Die Treibkraft ist die Hysterie oder das Theatralische/Histrionische (»Histrionic Behaviour«).

→ Der CEO ist manisch begeistert von seiner Strategie und braucht dazu eine gewisse narzisstische Attitüde, sich als Celebrity feiern zu lassen.

Noch einmal zur Begriffserklärung – im Deutschen ist das Wort Hysterie noch ganz geläufig, das sagt man heute aber nicht mehr. Statt »er ist hysterisch« heißt es heute »er weist eine histrionische Persönlichkeitsstörung auf«. (Und das eben getippte Wort »histrionisch« mault MS Word als falsch geschrieben an, es ist also noch ganz und gar nicht bekannt.)

Echte Psychopathen unterliegen der unbeherrschten Triebkraft.
Der Psychopath verschmilzt mit seiner Neurose. Business-Executives
aber treiben bewusst mit derselben Kraft das Unternehmen!

Tja, das ist den Autoren der zitierten Studie irgendwie nicht klar geworden. Dieser Unterschied trennt Welten! Das Irrenhaus vom Managermeeting! Die liegen Lichtjahre auseinander, aber wir alle spüren in uns, dass sie eine gemeinsame wirre Wurzel haben, die sehr flach sein muss.

Neurotic Leadership Programming studiert die Triebkräfte des Menschen und setzt sie in Triebkräfte für das Business um. Die zielführend eingesetzten Triebkräfte sind sehr stark und bringen den geschulten Karrieristen in einen entscheidenden Vorteil gegenüber normalen Managern, die sich mit traditionellen Vorstellungen von guter Arbeit voranbringen wollen.

Ich gehe jetzt mit Ihnen die Triebe durch, die mit den psychologischen Begriffen Hyperaggression, Zwanghaftigkeit, Histrionie, Narzissmus und Manie beschrieben werden. Ich bespreche, wie sie wirken und wie sie zu ihrem Ziel gelangen. Das Ziel ist immer: andere Menschen in den eigenen Dienst zu stellen.

Die Triebkräfte hinter dem Management

Jede Managementstufe erfordert eine andere Art von Kraft
Vorher lassen Sie mich noch ganz kurz eine wichtige Anmerkung machen. Die zitierte Studie sagt ja, dass die 39 Business-Manager GLEICHZEITIG hohe Werte in Histrionie, Narzissmus und Zwanghaftigkeit hatten. Normalerweise hat man ja nur eine einzige Neurose, nicht wahr?

Ich stelle hier einmal unbewiesen eine wichtige freche Hypothese auf, die ich selbst für wahr halte: Man wird am besten dann per Express oder eben Direkt-Karriere ein Topmanager, wenn man die Triebkräfte der Hyperaggression, der Zwanghaftigkeit etc. ALLE einsetzen kann. Damit sage ich, dass Sie nicht weiterkommen, wenn Sie unwahrscheinlich gute zwanghafte Triebkräfte entwickeln und dann nicht wirklich gut histrionisch bzw. theatralisch werden können. Dann bleiben Sie mutmaßlich im mittleren Management stecken oder sie müssen Ihre Karriere speziell ins Finanzwesen einer Firma lenken. Dort ist reines introvertiertes Zählen ohne jeden Humor bis zum Geschäftsführer möglich.

Das meinte ich in einem der letzten Abschnitte, als ich Ihnen schon sagte, dass Sie Chamäleon-Qualitäten mitbringen müssen, weil die Karriere durch jeweils anders verrücktes Terrain navigiert. Sonst fallen Sie dem schon erwähnten Peter-Prinzip zum Opfer!

Stufe 1: Hyperaggression und Typ-A-Verhalten

Hyperaggression ist eigentlich ein Teilverhalten eines größeren Verhaltenskomplexes, dem Verhalten von ausgeprägten Typ-A-Menschen. In der Medizin kennt man Typ-A- und Typ-B-Menschen. Typ A beschreibe ich gleich weiter unten. In der Medizin studiert man ihre Anfälligkeit für Herzkrankheiten – die sind auch als Managerkrankheiten im Gespräch! Typ-B-Menschen sind eher »ruhige Vertreter«. Vergleichen Sie Ihr Bild von einem Yuppie-Manager mit Hyperehrgeiz auf der einen und auf der anderen Seite den fröhlichen Bauern, der das Wetter hinnimmt, wie es kommt, und insbesondere nicht Oberbauer oder Executive-Bauer werden muss. Typ-B-Menschen haben eben auch keinen Burn-out.

Eine gute Darstellung des ganzen Komplexes liefert J. Barton Cunningham (*The Stress Management Sourcebook*, Lowell House, 2000).

Cunningham beschreibt die Hauptmerkmale, die die ausgeprägten Typ-A-Menschen zeigen:

→ Hyperaggressivität (steht dauernd unter dem Druck, Höchstleistungen zu zeigen, sieht sich im Wettbewerb mit allen, ist ständig unruhig und hat Angst, Zweiter zu sein)
→ ständiges Gefühl der Dringlichkeit (alles muss zum Termin fertig sein, möglichst schneller, alle sollen waagerecht in der Luft liegen)
→ ständiger Drang zur Übererfüllung der Ziele (nichts ist genug, die Standards werden ständig höher geschraubt, ohne je zufrieden zu sein)
→ »Polyphasic Behaviour« und Impulsivität (viele Projekte gleichzeitig, ständig auf dem Sprung, stets bereit etwas Neues zu beginnen)

Cunningham schreibt: »Type A behavior is not a personality disorder, but might be called a socially acceptable obsession.« Es ist noch keine Persönlichkeitsstörung, Typ A zu sein, es ist mehr eine gesellschaftlich akzeptable Manie oder Zwangsvorstellung/Besessenheit.

Das hätte ich jetzt nicht schöner sagen können! Neurotiker sind ja unnormal und befremden die Normalen, die beim Anblick eines Neurotikers die Augenbrauen erheben. Bei Hyperaggressiven bleiben die Augenbrauen aber unten. Wir kneifen dagegen vage die Stirnfalte zusammen, weil wir im Verhalten von Typ A die deutliche gesellschaftliche Aufforderung fühlen, dass wir uns selbst auch so irre anstrengen sollten. Wir fühlen uns unbestimmt zum Mitziehen gezwungen, obwohl wir die Hyperaggressivität innerlich missbilligen. Spüren Sie diese Kraft in sich, die Sie zieht, wenn einer irre arbeitet und Sie schon Feierabend machen wollen? Das ist die Urkraft der Neurose. Sie werden in den Dienst des Workaholics gestellt. Sie müssen gegen Ihren Willen dableiben und mitmachen. Sonst wird er Sie anschwärzen und auf Ihre Kosten Direkt-Karriere machen … Haben Sie solche Kollegen? Ja? Und jetzt stellen Sie sich vor, so jemand wird Ihr Abteilungsleiter. Spüren Sie schon die Energie, die Sie treibt? Die Treibkraft der Hyperaggression des Typ A?

> Neurotic Leadership Programming zeigt, wie die Antriebskraft des Typ A eingesetzt werden kann, um Mitarbeiter anzutreiben. Wer das kann, ist als Abteilungsleiter auf dem Direkt-Karriere-Pfad!

Stufe 2: Zwanghaftigkeit (»obsessive-compulsive personality disorder«)

Der zwanghaft gestörte Mensch muss alles bis ins Kleinste perfekt regeln und ausführen. (Zwanghaftigkeit mag als ins Krankhafte gesteigerte Zuverlässigkeit gesehen werden.) Jedes Detail wird beachtet, ständig belastet ihn die Angst, etwas übersehen zu haben. Alles wird deshalb überprüft und kontrolliert. Er hat exakte Pläne und führt Listen über alles.

Für diese Übergenauigkeit verbraucht er sehr viel Zeit, was andere, die mit ihm arbeiten müssen, fast selbst in den Wahnsinn treiben kann.

Das richtig Schlimme ist, dass er die ganze Welt und die Menschen um sich herum beständig zu zwingen trachtet, sich selbst auch in das starre System von Bestimmungen und Regeln, von Abläufen und Pflichten einzupassen und damit Teil des Systems zu werden.

Meist lehnen andere ab, genauso penibel zu sein wie er selbst. Deshalb erledigt der Zwanghafte am besten alles selbst. Er delegiert nur, wenn wirklich bis auf alle Nachkommastellen feststeht, dass alles nach haargenau demselben Rezept abgearbeitet ist, wie es sein muss. Es ist schwer, sein Vertrauen in dieser Sache zu gewinnen.

Der Zwanghafte wirkt sehr reserviert und distanziert.

Kennen Sie solche Menschen? Ich bin jetzt sicher, Sie haben diese Merkmale mit denen verglichen, die normale mittlere Manager im Controlling, der Finanzbuchhaltung, im Vertragswesen, im Einkauf oder im Bilanzwesen aufweisen. Der Zwanghafte wie auch der »Prüfer« oder »Administrator« im Unternehmen drücken die eigene Arbeitsweise und Perfektion den anderen Mitarbeitern und den Abteilungsleitern auf, die sich in der Regel wie Gefangene vorkommen.

Neurotic Leadership Programming zeigt, wie diese Kraft eingesetzt werden kann, um Ordnung im Unternehmen zu erzwingen. Wer die Zwangskraft beherrscht und für seine Zwecke einsetzen kann, ist als Middle Manager auf dem Direkt-Karriere-Pfad!

Stufe 3: Histrionie (Hysterie und Theatralik)

Histrionische (»theatralische«) Menschen kann ich am besten begreifen, wenn ich sie mir auf der Bühne vorstelle. Sie stehen dort im Mittelpunkt und geben eine Arie. Dort ist ihr Lieblingsplatz: mittendrin, etwas erhöht. Histrioniker kleiden sich »anziehend«, versprühen Charme und zeigen ein »einnehmendes Wesen«. Das Ziel des Theaters ist Applaus. Histrioniker wollen bewundert werden und in beständiger Aufmerksamkeit stehen. Sie dramatisieren Erlebnisse und Gefühle.

Merkmale des Histrionikers:

→ weit übertriebene Emotionalität
→ meidet alle Situationen, wo er möglicherweise im Schatten steht
→ zeigt verführendes Verhalten, neigt zu unangemessenen sexuellen Anspielungen
→ nutzt das körperliche Erscheinungsbild als Mittel, etwas zu erreichen
→ provoziert gerne
→ lebt Gefühle aus
→ wechselt je nach Applaus und Opportunität die Meinung und die Emotionen

→ ist deshalb leicht beeinflussbar durch wechselnde Umstände

→ spricht in Schlagwörtern und Marketingstil – keine exakte Sprache

→ legt mehr Bedeutung in Beziehungen, als angemessen ist (»Bin mit dem Präsidenten befreundet, seit ich ihn im TV sah.«)

Wie hört sich das an? Ich bin jetzt ganz sicher, dass Sie diese Merkmale mit denen verglichen haben, die die Vice Presidents als Bereichsleiter an den Tag legen. »Ich habe seit Montag im Senior-Management-Team die Rolle übernommen, die Kundenfreundlichkeit in unserem Unternehmen zu steigern. Der Kunde ist das Wichtigste! Sie müssen ihn begeistern …« – »Was machen Sie nächste Woche?« – »Ich weiß nicht, ich bin für die nächste Woche auf der Suche nach einem echten Karriereschritt. Ich möchte einmal eine wichtige Hauptrolle übernehmen, für ein wichtiges Thema, meine ich.« (Oh, jetzt ist mir doch wieder die satirische Feder ausgerutscht, ich wollte eigentlich ernst bleiben. Aber das war ja fast ein Zitat statt einer Parodie.)

> Neurotic Leadership Programming zeigt, wie die theatralische Kraft verführerischer Rollen eingesetzt werden kann, um die Bedeutung bestimmter Werte oder Bereiche im Unternehmen zu steigern. Wer die Theatralik beherrscht und für seine Zwecke einsetzen kann, ist als Executive auf dem Direkt-Karriere-Pfad!

Stufe 4 (»kalte« Version): Narzissmus

Ich unterteile diese Stufe in zwei mögliche Hauptformen – in den kalten Machthaber und den quirligen Weltveränderer. Zuerst »kalt«:

Narzissten lieben nur sich selbst. Sie zeichnen sich durch ein völlig überzogenes Selbstwertgefühl aus. Sie sind neidisch auf das (wenige), was höher ist als sie selbst, und arrogant gegen alles andere. Narzissten stellen unangemessene Ansprüche, sehen sich auf einer andauernden Erfolgswelle und werden durch unersättliche Geltungssucht getrieben. Wehe, sie werden kritisiert! Sie sind einfach großartig. Andere Menschen interessieren sie kaum. Narzissten zeigen keine Empathie und beuten andere Menschen rücksichtslos aus, »sie gehen über Leichen«.

Merkmale des Narzissten:

→ Gefühl eigener Großartigkeit (übertreibt den eigenen Anteil an gemeinsamen Leistungen)
→ erwartet, einfach so von vornherein als besonders oder bevorzugt behandelt zu werden
→ Tagträume von Erfolg, Reichtum, Liebe, Schönheit, Pracht
→ hat die Illusion, zu allem berechtigt zu sein
→ verzichtet unangemessen auf Selbstkontrolle
→ »Regeln sind für das Volk, ganz naiv, und passen nicht für mich.«
→ nimmt nicht an, dass Interessenlagen reziprok sein könnten
→ »Andere sind neidisch auf mich. Ich bin einzigartig.«
→ »Alles in der Welt passt zusammen und arbeitet für mich.«
→ überhebliches Verhalten zusammen mit verletzender Arroganz
→ kaum Empathie für andere (interessiert sich nicht für andere und ist nicht bereit, ihre Bedürfnisse oder Gefühle zu verstehen und schon gar nicht, sie in seinen Aktionen zu berücksichtigen)
→ entfremdet sich anderen
→ fordert Bewunderung
→ nutzt andere aus, um die eigenen Ziele zu erreichen
→ argumentiert auf Vorwürfe oberflächlich und mit Täuschung, hält echte Rechtfertigung nicht wirklich für nötig
→ »Andere sind da, um mir zu dienen.«
→ zeigt Nonchalance, Unerschütterlichkeit und scheinbare innere Heiterkeit; erscheint cool und unbeeindruckbar; zeigt schwungvollen jugendlichen Optimismus

Der Narzissmus ist einfacher zu verstehen als andere Störungen, weil wir sicher alle ein bisschen davon abbekommen haben. Da muss ich nicht so viel erklären. Und deshalb haben Sie auch gleich gesehen, dass die obersten Topmanager ganz gut in diese Rubrik hier passen. (Es gibt wirklich noch viele Vorstandsfahrstühle, damit die Geschäftsführung keinem Arbeiter begegnet. Es gibt trotz aller Pleiten überall Träume von Milliarden, Global Players und der dritten Ehe mit einem Playmate.)

Neurotic Leadership Programming zeigt, wie die Selbstliebe zusammen mit rachsüchtiger Kritikunfähigkeit die Behauptung an der Spitze sichert. Wer sich mit Selbstliebe füllen kann, die niemand mehr anzutasten wagt, füllt die Rolle des Topmanagers ganz aus.

Stufe 4 (»heiße« Version): Manie und Pirouettendrehen

Manie ist eine Gemütskrankheit, die in etwa das Gegenteil der Depression darstellt. Bei manchen Patienten wechseln sich manische und depressive Phasen miteinander ab. Man spricht von manisch-depressiver Erkrankung (»himmelhoch jauchzend – zu Tode betrübt«) oder neuerdings von bipolarer Depression oder bipolarer Psychose.

Maniker sind wach, schlafen kaum, beginnen früh mit »Jogging«, erfinden andauernd Neues, verbessern die Welt, expandieren das Unternehmen, mischen sich überall ein. Sie neigen zu ruinösen exzessiven Geldausgaben und plündern oft die ganze Umgebung. In unermüdlichem Expansionsdrang wechseln sie oft die Stellung, hüpfen von Job zu Job, beginnen immer neue Projekte, ohne je welche zu Ende zu führen. Denn bei kleinsten Problemen wird das aktuelle Vorhaben durch eine Reihe neuer Pläne ersetzt. Der Maniker dreht sich wie in einer Pirouette auf der Stelle, ohne dass irgendetwas herauskommt. Maniker reden ununterbrochen von ihrem Tun und zwingen jedem völlig aufdringlich ihre Themen und ihren Willen auf. Sie kennen keine Distanz. Sie sind völlig enthemmt und ablenkbar, auch in Bezug auf ihre Sexualität. Der Maniker spielt immer die Hauptrolle.

Maniker können nicht verstehen, dass sie manisch sind. Man spricht von mangelnder Krankheitseinsicht oder wenigstens Selbstkritik. Wenn dann wieder einmal alles scheitert, wenn es zu Scheidung, Arbeitslosigkeit und Ruin kommt, erfasst sie der »Kater« und sie stürzen oft in eine tiefe Depression. Als Manager bekommen sie dann eine große Abfindung – oder sie beginnen irgendwo anders das manische Spiel. Neues Unternehmen, neues Glück! Über einen bekannten Achterbahnmanager sagte jemand: »Er schafft es, dir immer wieder Geld für neue Vorhaben rauszuleiern, egal, wie oft du geschworen hast, nie wieder etwas mit ihm zu tun haben zu wollen. Ein Phänomen!« Manische Manager übertragen ihre Übertriebenheit auf die Investoren, die dann die Geldschleusen öffnen.

Neurotic Leadership Programming zeigt, wie sich Narzissmus und Manie perfekt zu einem Verhaltensmuster für ganz große Topmanager verbinden lassen. Vielleicht bewundern wir diese an ihrem Ende nicht wegen irgendwelcher gewonnener oder versenkter Milliarden, sondern für den Wert, den sie uns als Eventlieferant schenken. Egomanische Selbstliebe oder Manie toppt alles und alle.

Direkt-Karriere durch Neurotic Leadership Programming

Nun habe ich Ihnen die Aufgaben der verschiedenen Managerebenen im Unternehmen erklärt und sie in Beziehung zu bestimmten starken Triebkräften gesetzt, die bei Management-affinen Neurosen freigesetzt werden.

Ich will Ihnen zeigen, wie Sie diese Erkenntnisse für sich nutzen. Kurz: wie Sie diese Triebkräfte in Triebkräfte umsetzen können. Sie werden sehen, diese Triebkräfte sind so stark, dass Sie allein beim cleveren Umgang damit schon eine schnelle Karriere hinlegen. Sie müssen nicht viel lernen oder gar inhaltlich arbeiten. Sie müssen nicht auf jeden Mitarbeiter eingehen oder sich lange einarbeiten.

Nein, Sie gewinnen nur Macht über die Urkräfte des Antreibens (Abteilungsleiter), des Ordnungszwanges (Mittelmanagement), des Marketings für den eigenen Bereich (Executive) und des zelebrierenden Auslebens des eigenen euphorischen Ichs (CEO). Die Kräfte allein machen Sie so stark, dass Sie befördert werden. Sie müssen sich nicht oder – sagen wir – kaum in die ökonomischen Gegebenheiten oder in sachliche Zusammenhänge begeben. Sie brauchen keine fachliche Kompetenz oder sachliches Wissen. Die Beherrschung der ursprünglich neurotischen Triebkräfte reicht schon, weil klassische Karrieristen, die sich an Unternehmenszielen oder wirtschaftlichen Visionen orientieren, mit guter Arbeit allein kaum an Sie heranreichen werden.

Sie hören ja oft die bittere Klage normal fleißig arbeitender Manager, das Unternehmen sei ein Workaholicer-Treffen, ein Gefängnis, ein Affentheater oder eine One-Man-Celebrity-Show. Ja genau! Das sind die Antreiber, die Ordnungsperfektionisten, die Darsteller von Rollen und der Boss. Sie nutzen die Urkräfte der Neurosen als Treibmittel und frustrieren damit all die, die normal fleißig arbeiten und immerfort klagen, dass sie für jahrzehntelanges Verlieren gegen die rein egoistischen Direkt-Karrieren keine Belohnung bekommen. Warum sollten Verlierer belohnt werden? Nur weil sie Gutes taten? Das Unternehmen verschenkt nichts. Es ist keine Sozialstation. Es muss nur denen etwas geben, die es zwingen, etwas herauszugeben. Wer das Unternehmen dazu zwingen kann, hat Erfolg.

Wie der Erfolg im ganz groben Sinne erzielt werden kann, ist eigentlich nach meinen Darstellungen bis hierher klar:

→ Das untere Management muss Antreiben lernen, es muss Mitarbeiter unter Stress setzen.
→ Das mittlere Management muss unablässig Strukturen reibungslos laufen lassen.
→ Das höhere Management muss sich für den eigenen Bereich stark machen.
→ Das Topmanagement soll glänzen.

Um das zu erreichen, sind die folgenden Methoden am besten geeignet. Sie zeichnen sich durch einfache Kraftausübung aus und verlangen kein Eingehen auf Menschen oder den Zweck des Unternehmens. Die Methoden sind generisch, wie man sagt: Sie sind immer dieselben, egal, ob Sie eine Karriere in der Bank, einer Versicherung oder im Maschinenbau anstreben. Davon müssen Sie nichts Spezielles wissen. Das Unternehmen kümmert Sie ja auch gar nicht als solches, es ist nur die Plattform für Ihre Direkt-Karriere.

Die Methoden, die ich Ihnen im Rahmen meines Neurotic Leadership Programmings ans Herz legen will (besser Ihrem Instinkt einpflanzen möchte), will ich für Sie schnell und einprägsam wieder in einer Pyramide darstellen:

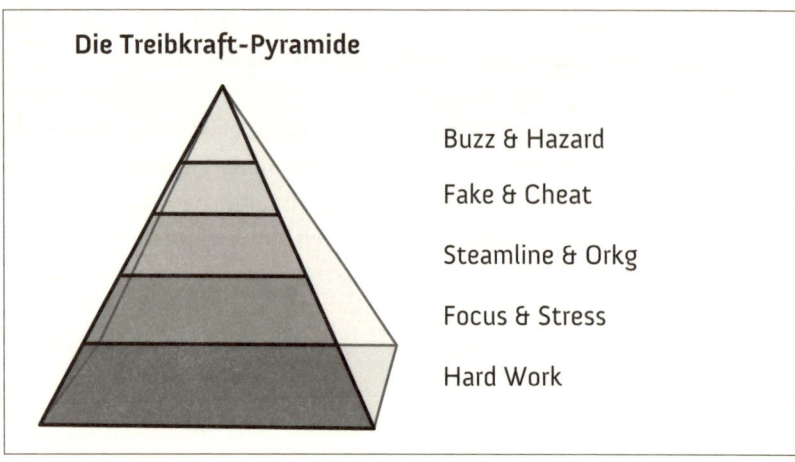

Die Treibkraft-Pyramide

Buzz & Hazard

Fake & Cheat

Steamline & Orkg

Focus & Stress

Hard Work

→ Hard Work …

→ »Focus & Stress« zielt darauf, Mitarbeiter unter Stress zu setzen, um sie ängstlich und gefügig zu halten.

→ »Streamline & Orkg« zielt auf das Gleichmachen aller Abteilungen, wozu Sie sich nur die beste der Abteilungen zeigen lassen müssen, um die anderen zu Klonen dieser besten Abteilung zu machen. Streamline steht für »stromlinienförmig machen«, Orkg ist eine etwas provokative Wortschöpfung von mir selbst, es ist eine Zusammensetzung von Org wie Organisation und von Ork. Kennen Sie die Orks? Orks sind dieses Massenvolk von schrecklichen Kriegern, die alle gleich sind und grimmig den bösen Kräften im Roman *Der Herr der Ringe* von J. R. R. Tolkien dienen. Sie sind wegen ihrer schieren Masse sehr gefährlich und machen alles platt und nieder, einzeln aber sind sie alle gleich dumm und können leicht von einem Elbenfürsten wie Getreide niedergesenst werden, wenn mal zufällig so einer da ist. Ich will gar nicht so genau definieren, was jetzt Orkg ist, es erschließt sich Ihnen sicher intuitiv. (Die Treibkraft stammt aus dem Ideenraum der Zwanghaftigkeit.)

→ »Fake & Cheat« ist eine Anleitung, die Bereiche besonders im schauspielerischen Sinne gut darzustellen. Die Rolle muss vor imposanten goldenen Fassaden oder waffenstarrenden Burgwänden gespielt werden!

→ »Buzz & Hazard«: Der Boss soll lernen, von seinen Erfolgen zu reden, die er im Begriff ist, demnächst anzustreben. Er muss dazu die gängi-

gen Buzzwords gut beherrschen und in strotzendem Optimismus erscheinen (narzisstischer Celebrity-Event-Aktionismus).

So – genug des Allgemeinen! Wir steigen jetzt vom theoretischen Rahmen-
werk zur Praxis ab oder besser auf. In den folgenden Kapiteln finden Sie
Steilkurse für Ihre Karriere. Stufe für Stufe. Ich fange natürlich unten an
und lehre Sie das Stressmachen für das untere Management.

Focus & Stress (Manager's Direct Primer)

Der Manager ist die treibende Kraft

Als »Manager« bezeichne ich in diesem Buch die allgemeine unterste Ebene des Managements. Ich weiß ja, dass alle Manager sind, oben und unten. Manager ist der Sammelbegriffe für alle. Aber die da oben heißen eben doch besonders: Executive, Direktor oder Topmanager. Hier im Buch meine ich Manager eher im Sinne von Abteilungsleiter. Dieses schöne Wort ist aber zu lang und passt ganz und gar nicht in das halb amerikanische Tagesgespräch im Business. Also los:

Ohne Manager würde nichts geschehen. Das stimmt nicht, aber es ist besser, Sie als (zukünftige) Führungskraft glauben es. So wie manchen Menschen die Religion Sicherheit gibt, gibt Ihnen dieser Satz viel Kraft für Ihre Karriere. Hämmern Sie sich bitte diese Erkenntnis ein:

Was nicht gemanagt wird, geschieht nicht.

Das bedeutet, dass Sie vor allem antreiben müssen, wenn Sie managen wollen. Antreiben, antreiben, antreiben! Das ist das Wichtigste. Sie werden überhaupt nur zur Managementlaufbahn zugelassen, wenn Sie als treibende Kraft wahrgenommen werden. Das höchste Lob ist: »Der/die bewegt etwas. Respekt!«

Man kann sich nun leicht überlegen, dass rohe Energie zum Antreiben allein nicht ausreicht, um wirklich gut im naiven Sinne zu managen. Es muss viel mehr zusammenkommen. Ein Manager muss Sachkenntnisse haben, Gespür für die Seelen von Menschen etc. Zu diesen Themen haben Sie bestimmt schon einige vernebelnde Ratgeber und Irrlehren gelesen, die versuchen, Sie so übermäßig mit schwierigen Aufgaben zu überhäufen, dass Sie sich unbedingt selbst schuldig fühlen müssen, wenn Sie keine Karriere machen.

Alles falsch, was die Ratgeber aufzählen. Bitte merken Sie sich diesen radikalen Leitsatz:

Antreiben allein reicht für die Direkt-Karriere im unteren Management aus.

Das klingt überraschend. Aber schauen Sie sich um: Wie viele Mitarbeiter, Schüler, Lehrer, Professoren, Buchhalter, Handwerksgesellen oder Bankangestellte treiben wirklich etwas voran? Wie viele Studenten im Hörsaal, die später die Elite unseres Landes bilden sollen, drängen denn wirklich sichtbar nach vorne und wollen etwas vom Professor oder selbst Professor werden? Zählen Sie bitte einfach die Menschen um sich herum, die passioniert Dinge vorantreiben und andere Menschen um sich herum dazu bringen, schneller und besser, innovativer und kundenfreundlicher zu arbeiten. Wie viele sind das? Es sind weniger als 5 Prozent.

Man braucht aber überall viel mehr Menschen, die etwas voranbringen! Handwerksmeister, Werkstattleiter, Supermarktleiter – sehr viele, und die meisten von solchen Antreibern haben nur ganz wenige Mitarbeiter zu managen. In der Konsequenz gibt es deshalb anderswo noch weniger als 5 Prozent treibende Kräfte. Man braucht aber viel mehr Abteilungsleiter, als treibende Kräfte vorhanden sind. Deshalb, sage ich Ihnen, reicht es erst einmal, gut antreiben zu können.

Zweites Argument: Sehen Sie sich noch einmal um, aber diesmal nur unter den Managern, die um Sie herum steil Karriere machen. Von denen sagen viele Mitarbeiter: »Er treibt NUR an. Sonst kann er nichts, absolut gar nichts. Und so einer ist mein Chef. Antreiben kann ich auch. Das kann jeder. Pfui, dass der sich überhaupt getraut hat, sich befördern zu lassen. Man wird bald merken, dass er nichts kann.« Bitte hören Sie nicht auf solches dummes Geschwätz. »Antreiben kann jeder.« Das denken alle Menschen um Sie herum. »Befehlen ist leicht, aber arbeiten ist schwer.« Das ist noch so eine groteske Ansicht. Faktisch glauben also alle Menschen, das Antreiben sei leicht und sie selbst könnten es. Wenn Sie aber um sich herum abzählen, kann es keiner. Hören Sie also nicht auf solchen Unsinn. Sehen Sie lieber den Fakten in die Augen: Die schnellen Direkt-Karrieren funktionieren fast alle mit dem Antreiben allein.

Die Treibkraft für das untere Management ist »Stress machen«, um mit hoher Energie zu beeindrucken. In den höheren Managementaufgaben müssen sie die jeweils anderen, dort nötigen Treibkräfte einsetzen.

Das objektive Ziel treibt an – durch Sie!

Management ist das Handwerk, etwas zu einem Ziel zu bewegen. Das Ziel könnte 10 Prozent Wachstum sein oder die pünktliche Markteinführung eines neuen Produktes. Auf dieses Ziel hin müssen alle Kräfte ausgerichtet werden.

Im unteren Management bekommt man meistens ein Ziel fertig vorgegeben. Es kommt als anscheinend unantastbare Anordnung von oben.

Ihre Aufgabe als Manager ist es nun, die Mitarbeiter auf dieses Ziel einzuschwören. Es wäre ideal, Sie hätten das Ziel selbst mitbestimmt! Haben Sie ja nicht. Ihnen ist das Ziel selbst viel zu hoch gesteckt. Es wäre gut, Sie hätten das Vertrauen Ihrer Mitarbeiter und könnten auf sie zählen. Das ist meistens nicht der Fall, weil Sie ja sehr oft neu in der Position sind, besonders bei einer schnellen Direkt-Karriere. Obwohl Sie meist selbst nicht glauben, dass das Ziel erreicht werden kann, müssen Sie jetzt ein Vorbild an Begeisterung, Leistung und Disziplin abgeben, dem alle Mitarbeiter froh nacheifern. Wenn überhaupt, erreichen alle dadurch zusammen schnell das Ziel. Ein solcher Managementstil wird in der berühmten *Theorie der emotionalen Intelligenz* von Goleman »Pacesetting« genannt. Der Pacesetter oder Schrittmacher ist einer, der selbst als leuchtendes Beispiel vorangeht. Denken Sie an den Leutnant, der sich zuerst mit Hurra in den Tod zu stürzen bereit ist und damit die Todesangst der ängstlichsten Grenadiere zu besiegen imstande ist. Das Beispiel eines »Leaders« zündet in Menschen etwas an. Es lässt sie zu Helden werden und über sich hinauswachsen.

Solche Theorien werden überall verbreitet und berühren uns tief. Bitte – bleiben Sie nüchtern. Wie viele von solchen Leuten brauchen wir? Viele! Wie viele gibt es davon? Fast keine. Deshalb müssen auch alle anderen Manager Karriere machen, die nicht die Jedi-Ritter-Prüfung bestanden haben. Es kostet sehr viel Kraft und Seele, ein Vorbild für andere zu sein. Vor allem verlangt es langsam gewachsene menschliche Reife. Damit kann sich Direkt-Karriere nicht aufhalten. Sie wollen doch in zehn bis fünfzehn Jahren ganz nach oben kommen. Da ist einfach keine Zeit für Reife! Schauen Sie sich in Ihrem Human Resources Department um: Die Personalabteilung sucht händeringend Manager. Wenn man einen Menschen mit Talent gefunden hat, kommt er sofort auf Schnellschulungen, die in den großen Unternehmen so schöne Namen wie »Acceleration« oder »Fast Path« oder »Passing Lane« wie Überholspur tragen.

Es ist nicht so, dass Sie von sich aus eine schnelle Karriere erzwingen müssen. Jedem, der antreiben kann, wird der rote Teppich ausgerollt!

Sie müssen also zeigen, dass Sie antreiben können. Das ist nüchtern besehen alles. Also schnell und direkt zur Sache! Lassen Sie diese ganzen Vorbildtheorien weg und ersetzen Sie bei den Mitarbeitern Ihr eigenes Vorbild durch das reine Primat des Ziels. Predigen Sie das Ziel und nur das Ziel. Lassen Sie sich auf keine Diskussion ein, was und wie viel Sie persönlich dazu beitragen. Sie treiben nur an! Wenn Sie das gut machen, sind Sie schon im besten Drittel Ihrer Managementkollegen und werden deshalb schnell befördert.

Widerstehen Sie der Versuchung, Vorbild zu sein. Widerstehen Sie noch viel mehr der Sucht, von den Mitarbeitern gemocht zu werden. Probieren Sie nicht, irgendwie toll zu sein. Sie sind das Metronom auf dem Klavier. Die Musik hat nach Ihnen zu ticken, aber Sie haben mit der Musik nichts zu tun. Sie sind der Steuermann beim Rudern und rufen immerfort nur »Schneller!«, Sie rudern bitte nicht selbst.

Kurze Abschweifung über Rudern im Achter

Beim Rudern kann man mit oder ohne Steuermann arbeiten. Bei den Olympischen Spielen gibt es zum Beispiel die Disziplinen »Vierer ohne Steuermann« und »Vierer mit Steuermann«. Beim Achter gibt es diese Zweiteilung nicht. Dort wird immer ein Steuermann eingesetzt, weil sonst nichts geht. Der Steuermann ist der Einzige, der nicht rudert. Er sollte lieber klein sein, weil er ja als Ballast mitfährt (damit nicht geschummelt wird, muss er notfalls inklusive Bleiweste mindestens 55 kg wiegen). Er steuert das Boot über eine Steuerleine. Der Steuermann feuert die Mannschaft die ganze Zeit an, brüllt Zwischenkommandos. Er behält andere Boote im Blick und taktiert mit Befehlen zu Zwischenspurts. Ein guter Steuermann ist eminent wichtig für das Rennen. Nach einem Sieg wird er voller Respekt von der Ruderermannschaft ins Wasser geworfen. Und landauf, landab heißt es: Gute Steuerleute sind extrem selten, während es sehr viele allerbeste Ruderer gibt. Man muss oft mit eben einem wie auch immer qualifizierten Steuermann zufrieden sein. Ist so.

Vor diesem Hintergrund verstehen Sie mein Plädoyer besser:

Der Manager ist Steuermann und nicht Schlagmann.

Er feuert an und ist eben nicht die beste Fachkraft seiner Abteilung. Viele Manager sind aus verbohrter Vorstellung heraus als beste Fachkraft befördert worden, also vom Schlagmann zum Steuermann. Das ist Ihr Vorteil. Seien Sie nur und ausschließlich Steuermann – und zwar direkt in Ihrer Karriere, ohne je Schlagmann gewesen zu sein. Und haben Sie keine Angst, nicht richtig gut zu sein. Haben Sie nicht gehört? Gute Steuermänner sind sehr selten. Die machen Karriere – ja. Aber für Sie ist immer noch die ganze Welt offen!

Bei den Olympischen Spielen bekommt auch der Steuermann eine Goldmedaille, so heißt es – »auch eine«. Im Management ist es eher so, dass nur der Manager eine bekommt und manchmal der Vorarbeiter »auch eine«. Alles klar?

Noch eine Schlussbemerkung: Im Rudern kann man zu viert noch ohne Steuermann rudern, darüber nicht mehr. Bitte sehen Sie auch hier: Es werden Massen von Führungskräften gebraucht!

Simple & Stupid Focus: Ein Ziel ist ein Ziel ist ein Ziel

Stellen Sie sich also vor, Sie haben vom höheren Management ein unantastbares, heilig erscheinendes Ziel erhalten, das Sie mit Ihren Mitarbeitern umsetzen müssen.

Sie kämpfen jetzt an zwei Fronten:

→ Sie müssen die Mitarbeiter bedingungslos auf die Zielerreichung fokussieren.
→ Sie müssen ständig mit Ihrem Vorgesetzten im mittleren Management darum kämpfen, niedrigere Ziele herauszuhandeln oder mehr Geld bei Erreichung der ursprünglichen Ziele.

Sie müssen sich dazu innerlich spalten:

→ Sie müssen Ihren Mitarbeitern einbläuen, die Ziele seien realistisch und gut erfüllbar.
→ Sie müssen die Ziele beim Vorgesetzten als zu schwer verargumentieren, ohne dass er Sie für einen Jammerkopf hält, der besser nie mehr befördert werden sollte.

Das sind zwei verschiedene Managementebenen. Ich komme auf die Beziehung des unteren Managers zu seinem Vorgesetzten später zu sprechen. Zunächst betrachte ich nur, wie die Ziele mit den Mitarbeitern durchgesetzt werden. Dazu nehme ich an, dass die Ziele wirklich nicht verändert werden können.

Diese vorgegebenen Ziele sind meistens zu hoch. Zusätzlich werden zu wenige Ressourcen oder Budgets beigestellt, sodass ein Erfolg logisch ausgeschlossen erscheint. Die Ziele und die Arbeitsbedingungen können deshalb normal denkenden Mitarbeitern nicht vermittelt werden. Warum sind die Ziele irreal? Das liegt an Mechanismen im höheren Management. Ich leuchte dort einmal kurz hin, beschreibe das aber erst später:

→ Ziele müssen »optimistisch« sein, »sonst sind wir feige und nehmen uns zu wenig vor«.
→ Fast alle Unternehmen haben das Ziel, »doppelt so schnell zu wachsen wie der Markt«, was für fast alle misslingen muss.
→ Insgeheim ist dem höheren Management klar, dass die Ziele möglicherweise nicht erreicht werden können. Deshalb gibt es aus Vorsicht nicht die nötigen Ressourcen (Gelder, Neueinstellungen) dafür.
→ Es herrscht der Glaube vor, dass man es bei allgemeiner Begeisterung doch alles noch zusammen schaffen kann, obwohl es schier unmöglich ist.

Sie müssen also in der Regel Ziele vermitteln, die noch nicht einmal logisch konsistent sind, wenn man sich nicht im höheren Management auskennt. Den Mitarbeitern müssen Sie also etwas vermitteln, was nicht zu vermitteln ist. Viele gute Manager zerbrechen sich dabei die Köpfe, weil sie den Kontakt zu den Herzen der Mitarbeiter halten wollen. Sie verteilen zum Beispiel realistische Ziele an die Mitarbeiter und verschweigen die offiziellen und denken dabei, dass Mitarbeiter eben doch nicht mehr als total engagiert arbeiten. Das halten sie meist nicht lange durch und verlieren am Ende sogar noch das Vertrauen der Mitarbeiter.

Lassen Sie das. Lassen Sie sich auf keine Spielchen ein, das Menschliche zu retten, wo Sie doch nur logische Widersprüche zu bieten haben. Halten Sie sich an diesen wichtigen Rat:

Vermitteln Sie nichts – kommunizieren Sie alles!

Es heißt »Kommunikation« oder »Unternehmenskommunikation«. Gemeint ist eigentlich »Verkünden einer beschlossenen Wahrheit«. Die Ziele sind beschlossen und damit faktische Wahrheit. Bringen Sie das bitte nicht mit echter Wahrheit durcheinander, über die die Mitarbeiter jeden lieben langen Tag bei jedem Kaffee rätseln. Die Mitarbeiter fragen inmitten der ganzen Unlogik: »Was wollen die da oben wirklich?« Das ist nicht der Punkt. Ziel ist Ziel. Keine Logik, keine Sinnfragen.

Durch die reine Kommunikation, also die Bekanntgabe der Ziele stellen Sie sich hinter dieselben. Sie zeigen sich wie ein guter Soldat. Sie tun wie geheißen. Sie verlangen durch ihre Haltung, dass alle mitziehen. In der Haltung zum Ziel zeigen Sie sich als wirkliches Vorbild.

Overachievement oder Übererfüllung

Für die Direkt-Karriere müssen Sie nun noch einen Schritt weiter gehen. Sie sollten versuchen, die Ziele überzuerfüllen. Das können Sie nicht erreichen, weil Sie die Ziele an sich schon nur durch ein Wunder schaffen, aber Sie müssen es lautstark verbal versuchen.

Sie erklären sich mit dem Unternehmen und allen Ziele solidarisch und verpflichten sich vor dem ganzen Firmenbereich im Beisein Ihres Chefs und aller Mitarbeiter, noch mehr als die Pflicht zu tun. Sie werden sagen, dass ja das Ziel insgesamt von allen Abteilungen erreicht werden müsse, und da gebe es Overperformer und Loser. Und die Overperformer müssten alles rausreißen, weil mit Sicherheit einige Abteilungen schmählich versagen würden. Ihre Abteilung aber habe den festen Willen zum Outperformen. Wenn Sie die Direkt-Karriere anstreben, verkünden Sie das fest und ernst wie einen Lehnseid auf Ihren Herrn: »Meine Mannen, oh König, sind zum Sterben bereit. Wir ziehen voran.« Damit stellen Sie sich als ganz einsames Vorbild hin.

Solch eine Erklärung hat eine ganze Kette von nützlichen psychologischen Folgen.

→ Ihre Mitarbeiter sind so entsetzt, dass sie jetzt schon total froh wären, die ursprünglichen Ziele erfüllen zu dürfen, die sie auch schon vorher scharf kritisiert haben. Ihre Kritik konzentriert sich nun auf Sie als Person, nicht mehr auf die originalen Ziele. Diese Kritik haben Sie provoziert. Sie müssen Sie sich deshalb nicht zu Herzen nehmen.
→ Ihr Chef ist ganz sicher, dass Sie diese erhöhten Ziele nicht schaffen können, aber es schmeichelt ihm, dass Sie sich so sehr auf seine Seite stellen. Er sieht jetzt, dass die Mitarbeiter die ursprünglichen Ziele lieben werden. Ihr Chef ist Ihnen dankbar.
→ Da Sie nun der Buhmann sind, wird Ihr Chef nicht mehr so stark kritisiert. Er kann sogar heimlich den Mitarbeitern auf der Toilette zuraunen, dass Sie zu ehrgeizig sind, was er – so wird er sagen – eigentlich nicht schlecht findet. Dadurch steht Ihr Chef als »Good Guy« da. Auch das wird er Ihnen danken.
→ Ihre Kollegen, die anderen Abteilungsleiter, werden grün vor Neid und Sprachlosigkeit sein, dass Sie sich so etwas trauen. Die sind vernünftig geblieben – im Gegensatz zu Ihnen. Aber sie stehen implizit als Hasenfüße da, die sich selbst nichts zutrauen.
→ Wenn die Ziele am Ende nicht ganz erfüllt wurden, was jeder wusste, dann sind Sie überhaupt nicht schuld, weil Sie ja viel mehr wollten.
→ Wenn die Ziele wider Erwarten übererfüllt werden sollten, dann ist das ganz offensichtlich zu hundert Prozent Ihr Verdienst. Sie werden sofort befördert.

Im Management wird nichts so bewundert wie Mut. Mut garantiert keine Zielerfüllung, gewinnt aber Respekt. Wer sich wie David gegen Goliath auflehnt, kommt oft sehr gut aus der Problematik heraus. Andere Menschen bewundern Geist oder Herz. Manager bewundern Mut. Seien Sie deshalb formal mutig. Sie müssen dazu nicht wirklich mutig sein.

Das kann jeder. Die meisten kommen nur nicht auf die Idee – deshalb geschieht es nur selten. Da es kaum wirklich Mutige gibt, sind solche, die es nur behaupten, auch schon für Beförderungen prädestiniert. Haben Sie keine Angst, dass es zum Showdown kommt. Das werden die anderen nicht zulassen, weil sie sonst hineingezogen würden.

Erinnern Sie sich an das Eingangsbeispiel mit dem Kind, das ein zweites Eis wollte? Stellen Sie sich ein anderes vor. Es steht an einer offenen Starkstromleitung, auf der anderen Seite Eltern und andere. »Ich fass das mal an.« Schreie – Verzweiflung – Flehen. »Ich habe schon an Lampendrähte gefasst und einen Schlag bekommen. Es hat richtig wehgetan. Ich wüsste gerne, wie weh das hier tut. Ich sollte das anfassen.« Dabei schaut das Kind ganz gebannt auf den Hochspannungsdraht und ganz und gar nicht auf die Leute, die es nicht beachten.

Spüren Sie das? Das Kind fasst am Ende nicht an. Es wird weggezogen. Die Mutter weint vor Glück, es wiederzuhaben. »Es hat irre Anwandlungen von fast tollem Mut«, wird man stets von ihm sagen.

In diesem Sinne: Wenn Sie Übererfüllung schwören, werden Ihre Kollegen und Ihr Chef nicht um Bewunderung herumkommen. Sie haben ja so viel Mut kommuniziert. Was die Mitarbeiter angeht – die winden sich vor Verzweiflung und hoffen, dass Sie bald direkt wegbefördert werden. Damit sind Ihre Interessen und die der Mitarbeiter vollkommen deckungsgleich.

Simple & Stupid Stress

Wenn die Ziele festliegen, geht es an die Arbeit. Sie müssen nun die Mitarbeiter antreiben. Das sagt man nicht in dieser direkten Form. Sie sollten sich angewöhnen, von dem Motivieren der Mitarbeiter zu reden, wenn Sie eigentlich Tritte in Hinterteile meinen. Für normale Manager in langsamen Karrieren ist Motivation so etwas wie Seelenstreichelei. Lassen Sie sich davon nicht irritieren, dass diese die Worte alle im Sinne verdrehen. Das Treten von Mitarbeitern sehen diese Kollegen als sogenannte Demotivation an. Sie beziehen sich darauf, dass die Seelenstimmung eines Mitarbeiters nach einem Tritt schlechter ist als vorher. Darum geht es ja nicht. Es geht um konkrete Arbeitsergebnisse – und die werden nach einem Tritt besser, warum auch immer.

Mitarbeiter motivieren ist dasselbe, wie das Gefühl unerträglichen Druckes zu erzeugen.

Es gibt verschiedene Maßnahmen, die Mitarbeiter unter Stress zu setzen:

→ Veranstalten Sie wöchentliche Kurzmeetings, auch gerne über Telefon, in denen die Mitarbeiter reihum jeweils in wenigen Sekunden sagen müssen, ob sie die Ziele erreichen. Es ist eigentlich ganz egal, was sie genau sagen. Sie müssen nur vorher und dabei genug Adrenalin tanken und eine Woche wach arbeiten. Als Statuserfassung sollten solche Meetings nicht verwässert werden. Statusmeetings erfassen die sachliche Lage. Hier sollte wirklich nur Stress gemacht werden, ganz kurz. Keine Zeit dafür, dass sich ein Mitarbeiter über Ausreden erleichtern kann. Er muss sein »schaff ich nicht« wie in ein schwarzes Loch hauchen.

→ Lassen Sie sich zumindest am Anfang Ihrer Karriere am besten nur das halbe Gehalt bezahlen, die andere Hälfte nur bei Zielerfüllung. Damit zeigen Sie wieder immensen Mut, der Ihnen langfristig zugutekommt. (Normal ist 70 zu 30. 50 zu 50 ist wirklich schneidig!) Wenn Sie versagen, bekommen Sie wenig Geld. Dann finden alle, Sie sind genug bestraft – Sie fallen in kein Karriereloch. Außerdem nimmt niemand an, dass Sie versagt haben; denn Versager lieben ihre Festgehälter, die sie nicht verdienen. Kommunizieren Sie Ihren Mitarbeitern, dass Sie nur das halbe Geld bekommen, wenn die Abteilung die Ziele verfehlt. Das beunruhigt Mitarbeiter zutiefst. Sie wissen jetzt, dass alles bitterernst ist.

→ Dulden Sie keine Versager im Team. Wer sich nicht in Totalstress aufreibt, wird angeprangert. Sie könnten als Exempel die Versetzung des Mitarbeiters beantragen. Es reicht, ihn dabei als ungeeignet zu bezeichnen, dann nimmt ihn keine andere Abteilung und alles bleibt personell wie vorher. Sie haben aber gehörig Schrecken verbreitet. Wenn alles gut geht, kündigt der Mitarbeiter selbst. Sie könnten als zweite Stufe auch einmal einen der besten Mitarbeiter mit einem fingierten Grund anprangern. Dadurch bekämpfen Sie die arrogante Gemächlichkeit der Leistungsträger. Die sollten sich nicht zu sicher fühlen.

→ Benutzen Sie oft das Wort Team. Das Team kann dadurch kollektiv für alle Zielverfehlungen verantwortlich gemacht werden.

→ Verschieben Sie Termine, bei denen Gehälter besprochen werden sollen, ganz kurz vorher um wenige Wochen – ohne Angabe von Gründen. Weigern Sie sich auf Nachfragen, welche zu nennen.

→ Fragen Sie unentwegt alle Mitarbeiter, wie weit sie mit der Arbeit gekommen sind, aber lassen Sie sie gleichzeitig konsequent im Unklaren, wie Sie diese Leistungen bewerten (im Zweifel negativ). Das quält Mitarbeiter sehr. Das wissen Sie selbst, weil es eventuell ein Chef mit Ihnen ebenso spielt. Sie können also fühlen, wie ungeheuer stark es in Ihnen wühlt. Wenden Sie dieses Mittel also stets an. Alle Umfragen unter Mitarbeitern sagen, dass sie weit vor allem anderen unter Mangel an Anerkennung und klarem Feedback leiden. Es wirkt!

→ Vergleichen Sie die Leistungen der Mitarbeiter relativ zueinander und relativ zum überhöhten Ziel. Schimpfen Sie öffentlich auf die Schlechteren. Öffentlich! Das wirkt besser und ist für Sie einfacher, als wenn Sie dem Mitarbeiter beim Verletzen in die Augen sehen müssen. Urteilen Sie nie absolut. Absolut gesehen tun alle ihr Bestes. Diese Erkenntnis ist immer dieselbe und führt zu nichts. Kommunizieren Sie immer und immer wieder, dass die Mitarbeiter nach Ihrer Meinung fast sämtlich nicht ihr Bestes geben.

→ Streuen Sie Gerüchte über Umorganisationen und Mitarbeiterumschichtungen und kommentieren Sie alles lediglich mit den Augenbrauen – ohne Laut.

→ Gehen Sie nicht auf Sinn- oder Logikdiskussionen der Zielerreichungen ein. Wiederholen Sie gebetsmühlenartig die Ziele. Immer wieder. Mitarbeiter müssen im Hamsterrad fühlen, dass es kein Entrinnen gibt, schon gar nicht durch Diskutieren.

Und wieder bemerke ich hier ausdrücklich, dass es andere Managementmethoden gibt, die aber alle sehr langsam operieren und viel Arbeit und Einfühlung verlangen. Gegen die ist nichts zu sagen, sie funktionieren sogar eher besser. Der Punkt ist, dass ich hier Ratschläge gebe, die einfach umzusetzen sind und eine schnelle Karriere garantieren. Menschen im Arbeitsrückstand anprangern kann jeder! Sich zu Übererfüllung verpflichten kann jeder. Die Arbeit genauestens kontrollieren und zugleich die menschliche Bewertung der Arbeit hintanhalten kann jeder! Vergleichen

Sie das einmal mit den tiefsinnigen Ratgebern zum »Coaching« oder zur »Entfaltung von Mitarbeitern«. Das Falten ist deutlich einfacher als das Entfalten. Außerdem gelingt es jedem Jungmanager, während am Entfalten Hunderte Idealisten jahrelang herumprobieren – es aber letztlich meist nicht zuwege bringen. (»Ich war Manager und versuchte, das Menschliche zu pflegen und ein Licht im Dunkel zu sein. Ich habe das selbst nicht aushalten können und betreibe jetzt einen Tee- und Wollladen.«) Die direkte Karriere ist schnell und einfach, aber nicht weich.

Methodic Overload

Der gleiche Stress muss nun auf die Sachwelt ausgeübt werden. Bisher haben wir ja nur innerpsychisch motiviert, um Menschen mental an das Ziel zu binden. Nun muss auch die Sachwelt angeschaut werden, ob sie sich zu hundert Prozent in die Verfolgung des Zieles stellt. Haben Mitarbeiter noch Luft im Terminplan? Aber ja.

Die generelle Erfahrung nach vielen Jahren Lean Management zeigt, dass Mitarbeiter ganz gut acht Stunden am Tag vollkommen produktiv arbeiten können. Darüber hinausgehende Tätigkeiten hat man in immer stärkerem Ausmaß nicht mehr zur Arbeit mitgezählt. Sie müssen natürlich irgendwann erledigt werden – nach der Arbeit. Die Arbeit nach der Arbeit heißt Night-Job.

Schauen wir uns den Tag eines Beraters an:

→ Er berät tagsüber den Kunden und wird für acht Stunden bezahlt. Der Klient des Beraters findet den Preis wie heute üblich viel zu hoch und erwartet, dass der Berater zehn Stunden arbeitet, aber nur für acht bezahlt wird.

→ Der Berater muss reisen – nach Hause zum Beispiel. Besser wäre, er lebte im Hotel, weil ein Zuhause zeitlich sehr aufwendig ist.

→ Night-Job: Abrechnungen erstellen und Berichte über die Arbeit schreiben.

→ Night-Job: Kontakt mit der Firma halten, für die er gerade arbeitet.

→ Night-Jobs: Der Berater ist in Themenarbeitskreisen seiner Firma, muss Daten für seinen Personalchef liefern, Inventuranfragen beantworten, Taxiquittungen begründen, Mitarbeiterumfragen beantworten, seine Leistungen dem Chef berichten usw. – man könnte eine Buchseite weiterschreiben.

→ Night-Job: Er arbeitet gleichzeitig an mehreren Angeboten für weitere Kunden. Damit gewinnt er Anschlussaufträge.

→ Night-Job: Er bildet sich weiter, weil Beraterwissen schnell veraltet und bald nicht mehr vergoldet wird. Er kreiert neue Präsentationssätze.

→ Night-Job: Er arbeitet für das Unternehmen in einigen Kommissionen an neuen Beratungsmethoden.

Und so weiter. Kann gut sein, er ist noch verheiratet, was wegen der zeitlichen Belastung fast nur mit einer Beraterin möglich ist.

Das Gleiche können Sie bei einem Handwerksmeister aufschreiben, der seinen aktiven Tag auf der Baustelle verbringt und dann am Abend Rechnungen ausstellt und Teile bestellt. Am Wochenende und am Abend besucht er potentielle neue Kunden, bei denen er Aufträge abwehren muss, weil er nicht mehr mit der Arbeit nachkommt.

In dieser Weise und nach den Erfahrungen der letzten Jahrzehnte sollten Sie die Mitarbeiter einfach total auslasten. Als Richtschnur kann gelten, dass sie eben ihre Tarifarbeitszeit ausschließlich mit ihrem Kernjob zubringen. Alles andere sollen sie auch erledigen – wann immer. Als Manager müssen Sie also nur kontrollieren, ob alle immer am Job arbeiten. Den Rest fordern Sie per E-Mail und gegen strikte Terminsetzung ein (»Deadlines«).

Sie müssen sich auf Klagen gefasst machen, dass die Mitarbeiter keine Sklaven sind. Damit muss ein Manager leben können. Zur Linderung von schwelenden Konflikten hilft Ihnen die Personalabteilung, die gegen Gehaltsabzug den Mitarbeitern Wellness-Sonntage anbietet (nicht zu viele, weil dann die Sonntage für die Arbeit wegfallen) und mit großem Tamtam »Work-Life-Balance«-Programme aufsetzt. Diese Programme werden von Ärzten betreut, die den Stress so weit senken, dass die Arbeit auch unter latenter Verzweiflung dauerhaft erledigt werden kann.

Kommunizieren Sie den Mitarbeitern, dass diese für den Mitarbeiter zu geringen Selbstkostenpreisen angebotenen Programme ein Investment in die Zukunft des Mitarbeiters darstellen. Dieses Investment wollen Sie natürlich in Mehreinsatz für die Firma zurückerstattet sehen.

Ab und zu, wenn die Mitarbeiter zu unruhig sind, veranstalten Sie einen

Grillabend. Es imponiert außerordentlich, wenn Sie als Chef die Bierkisten wirklich oder scheinbar aus eigener Tasche bezahlen. Sie gewinnen damit ihren zwischenzeitlich erodierten Respekt schlagartig zurück. Reden Sie beim Grillen vor allem mit den absoluten Leistungsträgern und schärfen Sie ihnen ein, dass sie für ihre Karriere noch einen Schnaps drauflegen sollen. »Go the extra-mile!« Wer Karriere macht, darf sich nicht ausruhen. Sagen Sie das den Leistungsträgern klipp und klar. Hängen Sie damit die Trauben hoch.

Überlastung von Mitarbeitern ist als Methode deshalb so erfolgreich, weil die menschenfreundlicheren Managementmethoden mit dem Anfangsfehler beginnen, den Arbeitsvertrag der Mitarbeiter ernst zu nehmen. Sie verzichten auf die extreme Überlastung der Mitarbeiter und »entwickeln sie als Mensch«, was sehr betreuungsintensiv ist und Manager mit mehr als 15 Mitarbeitern aufreiben kann (man ist doch schon mit vier Kindern völlig überfordert!). Es liegt auf der Hand, dass das sogenannte »Humanistic Management« niemals so viel Profit wie das rein optimierende »Scientific Management« erzielen kann. Letzteres geht sachlich vor, ohne Ansehen der Person oder des Menschen an sich. Es ist erfolgreicher, Menschen als belastbare Humanressourcen zu sehen.

Role-Overload enthebt jeder Pflicht

Wer sich als Karrierist ganz auf das einzige Ziel (meist so etwas wie »plus 10 Prozent mehr Umsatz und plus 20 Prozent mehr Gewinn«) fokussiert, muss andere Attacken auf seine Abteilung abwehren. Das mittlere Management drangsaliert eine fokussierte Abteilung andauernd mit relativ zum Ziel unwichtigen Kleinigkeiten:

→ Inventur
→ jährliche Sicherheitsbelehrung der Abteilung
→ Überprüfung der Frauenquote und Aufforderung zum Aktionsplan
→ Mitarbeiterförderungsgespräche
→ Abrechnungen aller Art
→ Audits
→ Aufforderung, einen Sketch zum Betriebsfest zu proben (ganz lästig!)
→ fünfzig weitere solcher Punkte, wenn nicht hundert

Wenn Sie als junger Manager am Anfang Ihrer Karriere noch alles richtig machen wollen, versinken Sie in einem totalen Wust von meist von oben sehr dringlich gemachtem Unsinn, der Sie wie Nadeln im Bauch sticht und nervlich ruinieren kann.

Grundsätzlich sollten Sie nichts von alledem höchstselbst abarbeiten. Warten Sie, bis man Sie bedroht. Schimpfen Sie lauthals bei jeder Gelegenheit, dass Sie von Ihrem Ziel abgehalten werden und dass die Firma an der Bürokratie erstickt. Dieses Vorgehen ist besonders gegenüber Ihrem direkten mittleren Management geschickt. Die dort oben müssen schiere Angst haben, Ihnen mit absolut dringendem Kleinkram zu kommen, weil Sie jedes Mal ausrasten. Dadurch minimieren Sie Ihre Arbeit sehr. Sie sind außerdem nie schuld an irgendwelchen Fehlern, weil Sie ja so sehr überlastet waren, dass so etwas wohl vorkommen muss. Sie haben es immer gesagt.

Damit Sie aber die Mitarbeiter völlig überlasten können und auf der anderen Seite Ihrem mittleren Management praktisch den Gehorsam verweigern können, müssen Sie sich selbst in eine Situation bringen, in der Sie glaubhaft so irre viel zu tun haben, dass Sie fast handlungsunfähig sind. Es erscheint dann von außen wie ein Wunder, dass alles noch ganz gut läuft.

Im Chaos ist der Mächtige mächtiger.

Am besten melden Sie sich eine Zeit lang für alle möglichen Aktionen und Unternehmensqualitätszirkel freiwillig. Gut eignen sich längerfristige Task-Forces, bei denen wöchentlich Telefonkonferenzen stattfinden. So haben Sie relativ schnell einen vollen Terminkalender. Wenn Sie in vielen solchen Aktionen mitwirken, haben Sie glaubhaft niemals Zeit, regelmäßig mitzuarbeiten. Das sagen Sie bitte an jeder Stelle. Sie sind einfach überlastet. Sie kommen am besten nur zu jedem dritten Termin. Auf diese Weise sind Sie stets dabei, müssen aber nichts arbeiten, weil Sie ja nicht regelmäßig kommen können und deshalb auch keine Pflichten auferlegt bekommen – es ist bei Ihnen ja zwecklos. Wenn Sie jedes dritte Mal in ein Task-Force-Meeting kommen, fragen Sie zuerst einmal, wie es bisher weiterging. »Bitte briefen Sie mich kurz.« Das hassen die anderen tendenziell, aber Sie bekommen dadurch Macht, ohne zu arbeiten. Am Ende eines Meetings sollten Sie dann auf mehr Geschwindigkeit bei der Aktion dringen. Das macht

Sie für andere gefährlich und Sie bleiben auf diese Weise immer im Fokus der Aufmerksamkeit.

Wenn Ihre Mitarbeiter etwas von Ihnen wollen, verlangen Sie wichtige Gründe, eingehende Berechnungen, Business-Cases und Luxus-Präsentationen. Setzen Sie dafür harte, dringende Termine, die Sie selbst dann nicht einhalten. Fordern Sie tagesaktuelle Daten, sodass vor jedem neuen Termin mit Ihnen wieder erhebliche Mehrarbeit anfällt. Dadurch schieben Sie alle Entscheidungen in Ihrer Abteilung künstlich hinaus, bis es brennt – und Sie sind dabei der absolut aktive Part! Dadurch werden Sie immer stärker bestürmt, schnelle Entscheidungen zu treffen. Sie stehen fortwährend im Brennpunkt – von Ihnen hängt alles ab. Sie hetzen von Meeting zu Meeting. Ihre Mitarbeiter sind davon so entnervt, dass sie immer schon unglaublich glücklich sind, wenn sie überhaupt einmal ein paar Minuten mit Ihnen reden können. »Eine Minute nur, Chef!«, flehen Sie – und alle paar Wochen sollten Sie einlenken.

Ich fasse zusammen: Sie tanzen am besten auf allen Hochzeiten. Dann müssen Sie sich nirgendwo verpflichten oder binden. Sie haben aber Ihre Nase überall drin. Verstreuen Sie überall Ratschläge, wenn Sie schon einmal da sind. Jeder muss sich dann ducken, wenn Sie kommen. Die totale Zerfaserung Ihrer Termine und das Spielen aller Rollen wird in Management-Ratgebern als Role-Overload bezeichnet. Die Ratgeber warnen alle davor, weil Role-Overload angeblich lähmt und handlungsunfähig macht. Irrlehren! Der Clou ist, dass Sie bei geschicktem absichtlichen Role-Overload selbst nie inhaltlich arbeiten müssen – und jetzt kommt es: Sie haben die unendliche Freiheit gewonnen, nur an den Dingen wirklich zu arbeiten, die Sie echt weiterbringen. Dafür arbeiten Sie wirklich, alles andere lassen Sie im Chaos versinken.

Was aber ist wirklich wichtig? Das ist sonnenklar: Ihre Direkt-Karriere.

Ihre Direkt-Karriere

Reden Sie ununterbrochen davon und zeigen Sie bis zur Schamlosigkeit ganz offen, dass Sie weiterkommen wollen. Das ist nicht nur ein Rat von mir, sondern pure Notwendigkeit.

Die Methode, ohne eigenes Arbeiten alle Mitarbeiter rotieren zu lassen und Ihre Controller durch hinhaltendes schimpfendes Taktieren über deren

Bürokratie zu entnerven, muss eine Stimmung erzeugen, dass sich alle wirklich überschwänglich freuen, wenn Sie befördert werden. Ihre Mitarbeiter genauso wie Ihr eigener Chef.

Deshalb ist es klug, immerzu nach Stellen außerhalb des eigenen Bereiches zu suchen. Erkundigen Sie sich überall. Verweisen Sie auf die vielen Erfolge der Arbeitsgruppen, an denen Sie ja immer teilnehmen und denen Sie Ihren Stempel aufgedrückt haben. Sie erzielen damit verschiedene Effekte:

→ Die Mitarbeiter wünschen Ihnen von Herzen Erfolg, weil Sie sich ja wegbemühen.

→ Ihr Chef ist beruhigt, dass Sie nicht an dessen eigenem Stuhl sägen.

→ Ihr Chef freut sich, Sie wegempfehlen zu können, er hilft Ihnen gerne bei einer Beförderung in einen anderen Unternehmensteil (je größer das Unternehmen, umso besser für eine Direkt-Karriere).

→ Niemand macht Ihnen mehr Vorwürfe, dass Sie nichts leisten, weil Sie ja wegwollen. Es ist wie bei Politikern, die man gut aushält, weil sie nach der Wahlperiode gehen müssen.

Deuten Sie überall zart an, dass Ihre Strategie auf Vielseitigkeit abzielt, weil Sie einmal in allen wichtigen Konzernteilen arbeiten wollen. Lassen Sie durch die Blume durchklingen, dass es Ihnen darum geht, später einmal ganz nach oben zu kommen. Reden Sie davon, dass Sie sich gute Chancen ausrechnen. Damit dämmen Sie wieder alle Kritik an sich ein. Denn wenn jemand ohnehin gehen will, aber später eventuell mächtig wird, soll man es mit ihm nicht verderben.

Bringen Sie Ihre Umgebung aktiv selbst auf die Idee, wenn sie nicht von sich aus darauf kommt.

Direkt-Karrieristen werden ausgehalten, weil sie bald weg sind.

Ein Beispiel: In meiner Zeit bei der Bundeswehr wurden wir eines Tages von einem Unteroffizier entsetzlich geschliffen, weil er Abiturienten hasste. Einer von uns erklärte grimmig, dass er ja als Abiturient nach 18 Monaten Fähnrich würde, damit hierarchisch über ihm stünde und ihn dann selbst lustvoll schleifen werde. Das nahm der Unteroffizier sehr übel und es kam zum Showdown, der sich später mit der Fähnrich-Beförderung des anderen fortsetzte.

Verstehen Sie? So nicht. Sie dürfen anderen nicht mit Ihrer Karriere drohen. Sie sollten sie teilhaben lassen. Verheißen Sie anderen Ihren guten Willen, wenn Sie dereinst ganz oben sind. Ihre jetzigen Vorgesetzten sollten sich jetzt schon andächtig den späteren Stolz in der Stimme vorstellen können, wenn sie angeben: »Der Boss war damals in dem Team, das ich leitete. Er lernte viel bei mir.« Sie müssen es also dahin bringen, dass der Unteroffizier erkennt, dass er Sie besser behandeln sollte, nicht schlechter. Das verlangt Gespür für die Verhältnisse.

Gehen Sie immer sehr, sehr weit – nicht zu weit.
Gehen Sie über jede Grenze, aber nicht über die des Egos derjenigen, die über Ihnen stehen:
Triumphieren Sie absolut niemals. NIEMALS!

Ich hatte das Kind im Eisbeispiel triumphieren lassen, es zeigte dem Vater, dass er gegen Kind und Mutter machtlos war. Das war ein Kind. Aber Sie tun das bitte niemals.

Danken Sie Ihren Mitarbeitern immerfort verbal – versprechen Sie gute Gehaltserhöhungen, deren großzügige Prozessierung Sie Ihrem Nachfolger ans Herz legen werden. Ehren Sie Ihren Manager für jede Hilfe beim Suchen eines guten nächsten Jobs in einem anderen Bereich. Lassen Sie alle Personen in Ihrem Umfeld Wärme spüren, dass hier Ihre Heimat war und Sie immer mit Huld und Gnade daran zurückdenken werden, wenn Sie dereinst ganz oben ankommen.

Neurotic Leadership Programming: Mit Energie beeindrucken

In dem Kapitel über Neurotic Leadership Programming habe ich Ihnen das Verhalten des Typ-A-Menschen vorgestellt. Ich wiederhole, er zeichnet sich aus durch:

→ Hyperaggression: Das Ziel muss erreicht werden – gegen jeden Widerstand. Angst vor Versagen peitscht Typ A nach vorn.
→ Trieb zur Übererfüllung
→ Gefühl der Dringlichkeit, alles zu erledigen
→ Trieb, immer an mehreren Tätigkeiten gleichzeitig zu arbeiten

Menschen vom Typ A sind in gewisser Weise stresssüchtig. Sie entfalten eine ungeheure Energie, die sie dann wie im Hamsterrad strampeln lässt. Diese Energie ist erst einmal ungerichtet. Alles muss erreicht werden und besser noch übererfüllt. Jetzt sofort! Auf allen Hochzeiten wird getanzt. Unruhe erfüllt Typ A die ganze Zeit.

Diese Energie müssen auch Sie frei machen, aber nicht verpuffen lassen, sondern auf einen Punkt fokussieren: auf Ihre Direkt-Karriere.

Ja, Sie sollen gewinnen wollen, um jeden Preis! Ja, sie sollen durch alle Widerstände gehen! Aber für Ihre Karriere! Alles muss übererfüllt werden, aber nicht damit Sie Ihre inneren Triebe befriedigen und Minderwertigkeitsängste beruhigen, sondern damit Sie befördert werden.

Ja, alles ist dringlich, aber nur deshalb, weil das Taktieren im Chaos der Dringlichkeit viel einfacher ist. Denken Sie immer daran: Im Chaos ist der Starke noch stärker. In Ruhe wird alles überdacht und diskutiert, auch, ob Sie gut sind und befördert werden sollten. In der Hektik wird nicht geredet, sondern entschieden! Jetzt! Von dem, der die Macht hat. Das sind Sie. Die Dringlichkeit und das Durcheinander müssen als Klima für den Erfolg geschaffen werden – für Ihren Erfolg.

Ja, Sie sollen alles auf einmal versuchen, damit es beim Versuchen bleiben kann. Wer sich auf eine Arbeit konzentriert, muss diese hervorragend zu Ende bringen. Die Direkt-Karriere geht dieses Risiko nicht ein. Diese Strategie wirbelt so viel auf, dass die schiere Masse des Bewegten und die erzeugte Energie schon das sind, wofür Sie befördert werden.

Und wieder sage ich: Wenn Sie es nicht glauben, schauen Sie sich um. Es werden massenweise Manager befördert, die wirbeln und wirbeln, aber vor jedem konkreten Ergebnis schon wieder einen anderen Job haben. Jedes Jahr rotiert das Management, manchmal sogar öfter. Sie müssen mit auf das Karussell. Je schneller es sich dreht, umso besser für Sie.

Sie müssen den Trieb zum Aktionismus in sich bändigen und an die Kette der Direkt-Karriere legen. Die normalen Typ-A-Neurotiker wollen immerfort Selbstbestätigung, Bewunderung und den Rausch des Zieleinlaufes vor den anderen. Im Kern ist es das Gemochtwerdenwollen.

Lassen Sie sich nie davon leiten! Tun Sie nichts für alles das! Schminken Sie sich Selbstbestätigung und Bewunderung ab. Die bekommen Sie, wenn Sie oben sind. Jetzt ist keine Zeit dafür. Streifen Sie diese Art von verrückter Sucht ab. Sie setzen dieselbe ungeheure Energie und das Wirbeln für Ihre Karriere ein. Die ist dann das Rückgrat ihres Seins.

Neurotic Leadership Programming ist hier der Rat, alle, wirklich alle Energie nur für die Karriere einzusetzen. Programmieren Sie sich also innerlich um. Arbeiten Sie nur für die Karriere, nicht für sich selbst. Schieben Sie die Bedürfnisbefriedigung Ihres Selbst eine Weile auf. Geben Sie sich dem Stress und dem Streben hin. Sie müssen die erste Zeit Ihrer Karriere mit dem von Ihnen indirekt erzeugten Unmut der Mitarbeiter leben. Die werden sie nicht lieben, so wie der Vater das Kind mindestens für heute hasst, weil es das zweite Eis bekam. Die Mitarbeiter werden Ihnen nicht Ihr Selbst stärken, auch nicht Ihr Vorgesetzter.

Ihr Weiterkommen muss über Ihnen selbst stehen, so wie die Erfindung der Glühbirne über Edison, der unermüdlich hunderttausend Materialien untersuchte, bis er endlich auf die Wolframwendel kam. Diese Besessenheit zum Ziel muss Sie beseelen, aber dabei vollkommen über Ihnen und Ihrem Ich stehen. Die Karriere ist Ihnen dann sehr sicher. Edison hätte als Naturwissenschaftler immer scheitern können – wenn er kein Wolfram getestet hätte. Aber das, was ich Ihnen hier als Aufgaben gebe, nämlich zu stressen, zu überladen und alles anzutreiben – das ist ein unfehlbares Rezept. Und denken Sie immer daran: Es gibt fast keine guten Manager. Auch Sie müssen kein guter sein. Trotzdem machen Sie Karriere. Und diese gibt Ihnen am Ende auch das, was Sie vielleicht privat suchen: Einen aufschauenden Lebenspartner, ein Oberklasseauto und den Respekt Ihrer Umgebung.

> **Neurotic Leadership Programming nutzt die ungeheure Energie des Ich, setzt es aber nicht für das Ich selbst ein, sondern nur für das Fortkommen und den Erfolg. Neurotic Leadership Programming tauscht für die Zeit der Karriere diese mit dem Ich aus.**

Der Manager als Karrieredarsteller (»Der Macher«)

Ihre menschlichen Haltungen werden sich naturgemäß verändern. Wenn Sie wirbeln und aktionistisch überall sind, werden Ihnen die normalen Menschen, die ja nicht so viel Energie haben, sehr faul und behäbig vorkommen.

Sie werden empfinden, wie sich normale Mitarbeiter gegen Mehrarbeit sträuben, also aus Ihrer Innensicht keine Verantwortung übernehmen wollen. Gestresste Menschen wollen keine knappen Deadlines akzeptieren und beginnen mit Schwierigkeiten zu argumentieren. Aus Ihrer Innensicht erscheint es alles so, als würden sich Menschen auf keine konkrete Pflicht festnageln lassen wollen. Sie lehnen es ab, konkrete Zusagen zu geben. Sie lassen jede Art von Commitment vermissen und lehnen Accountability ab.

Damit fehlt (aus Ihrer hektischen Sicht) eigentlich jede vertrauensvolle Grundlage für eine Zusammenarbeit mit normalen Menschen. Aus der Innensicht des Karrieristen muss man überstressten Menschen tief misstrauen, weil die sich dauernd ducken und jede Möglichkeit für eine Rast suchen. Man muss sie also stets antreiben, schubsen und ins Hinterteil treten.

Kurz gesagt: Wenn Sie sich mit voller Energie in Ihre Karriere stürzen, dann sind Sie der Schnellste und alle anderen sind langsam. Das ist ja gut, aber Sie beginnen natürlich auch die Langsamen als schlapp und faul zu verachten. Sie wenden sich langsam der Theorie X über den Menschen zu (»von Natur aus fauler Eingeborener«) und verändern Ihr Denken.

Das ist gut und das ist gefährlich. Es ist gut, weil es Sie bei Ihrem Stressen der Mitarbeiter authentisch macht. Sie scheinen die Schlappen wirklich zu verachten. Das stachelt sie an und lässt sie mehr leisten. Ihre Karriere will aber doch nicht, dass Sie sich seelisch zu sehr hineinsteigern. Sie müssen da höllisch aufpassen, dass die Karriere nicht Ihr Ich deformiert oder verdrängt. Sie soll über Ihrem Ich stehen, aber nichts daran zerstören.

Sehen Sie sich besser als eine Art Schauspieler, der vollkommen authentisch einen Typ A spielt, aber für die wenigen Stunden zu Hause die Rolle abstreift. Am besten gönnen Sie sich zu Hause ein Hobby.

Kennen Sie die fast typischen Managerehen, die auf dem Höhepunkt der Karriere scheitern? Der General Manager hatte einst an der Berufsakademie ein Kurzstudium in Fertigungstechnik abgebrochen und gerade da eine Lehramtsstudentin geheiratet, die noch heute im Dorf Grundschullehrerin ist. Sie passt nun nicht mehr zu seiner Darstellung eines Managers und wird durch ein sehr junges Model ersetzt. Der General Manager ist zwar noch als Mensch manchmal im Dorf, aber er ist zu seinem eigenen Darsteller mutiert und braucht als solcher auch eine Frau und ein anderes Haus.

Manager haben es viel schwerer als Schauspieler, weil die nur einen kleinen Teil der Zeit auf der Bühne stehen. Der Manager bleibt fast ganz auf der Bühne. Wer ist dann wer? Wer ist die Karriere, wer ist das Ich?

Es ist wahrscheinlich weiser, Sie behalten Ihr Ich die ganze Zeit noch bei sich und schicken es nicht fort. Es ist leichter, ganz Darsteller zu werden.

Zwei Gründe sprechen dagegen: Irgendwann ist Ihre Karriere doch einmal zu Ende, dann fällt der Darsteller mit. Es wäre besser, Sie fielen dann ins Ich zurück. Zweitens, das werden Sie gleich im nächsten Kapitel sehen, müssen Sie auf jeder Stufe der Management-Pyramide eine ganz andere Rolle mit einem ganz anderen Denken spielen. Wenn Sie also zu sehr innerlich wirklich Typ A werden, können Sie eigentlich nicht mehr befördert werden, weil Sie im nächsten Schritt ganz andere Tugenden zeigen müssen. Ihr Ich sollte also gar nicht viel zu sagen haben und sollte ganz bestimmt nicht im Vordergrund stehen, aber ich rate, das Ich als beständiges Fundament nicht aus dem Darsteller zu verbannen.

Am besten wäre es, zu Hause immer noch durch Hobbys ein Ich zu pflegen, das nicht zu glanzlos neben dem Darsteller wirkt. Bitte lassen Sie sich von einem Grauen dieser Art erfassen: »Seit er den Aufhebungsvertrag unterschrieben hat und mit dem vielen Geld wieder zu Hause ist, fühlt er sich vollkommen nutzlos. Er sucht sich jetzt Ehrenämter, um Vereine aufzumischen.«

Eine Beispielrede für Manager

Vielen Managern fällt es am Anfang der Karriere schwer, eine Rede vor Mitarbeitern zu halten. Das ist wie eine ganz große Kür. Das Redenhalten vor »der Front« ist ja die Essenz des Darstellerberufes. Viele Manager fragen sich: »Was soll ich bloß sagen?« Das ist die falsche Frage. Richtig: »Was soll ich sagen, um meine Direkt-Karriere zu befördern?« Da die Direkt-Karriere für alle Aspiranten irgendwie gleich ist, gibt es auch nur so etwas wie eine einzige gute Rede. Das werden Sie in Unternehmen sofort feststellen. Es gibt eine Art Standardrede, zu der ich Ihnen dringend rate! Hüten Sie sich besser vor einer individuellen Rede, die nur denen gut ansteht, die als Manager nicht auf dem Karriere-Pfad sind und deshalb sachlich wertvolle Reden halten wollen. Lassen Sie das.

Oft werden selbst gestandene Führungskräfte bei Reden rührselig und wollen jetzt doch von den Mitarbeitern gemocht werden. Dann sagen Sie, dass sie sich Sorgen um die Mitarbeiter machen und sie gut behandeln wollen. Da siegt wieder das süchtige Selbstbestätigungs-Ich über den Zweck der Karriere. Ja, die Mitarbeiter mögen den Redner für ein paar Minuten, aber am anderen Morgen messen Sie den Redner an seinen

»neuen« Taten – und dann? Man wird nicht verstehen, dass es ein rühr-seliger Ausrutscher des Menschen in Ihnen war. Man wird Sie für einen tückischen Lügner halten, der sich einschmeicheln wollte. Mitarbeiter werden sagen: »Und dann so ungeschickt, am nächsten Morgen wieder zu schimpfen! Er hat jetzt jeden Kredit bei mir verloren. Zu allem Unglück wirkt er so unfähig, dass er wohl nicht schnell weggefördert ist.«

Bringen Sie also immer nur herüber, was Sie wirklich wollen: Stress, Überlastung, Dringlichkeit und Fokus auf das Ziel.

»Ich möchte Sie alle herzlich begrüßen. Wir sind in unserer Organisation ein weit verstreutes Team, und die Reisekosten sind sehr hoch. Trotzdem haben wir es jetzt doch einmal geschafft, uns persönlich zu sehen. Viele von Ihnen sind gekommen. Eigentlich ist es unser Ziel, dass unsere Bera-ter jeden Tag beim Kunden verkauft sind und dort vor Ort arbeiten. Ich müsste deshalb eigentlich böse sein, wenn Sie heute hier sind. Gut, es ist, wie es ist. Es haben ja auch nicht alle kommen können. Besonders begrü-ßen möchte ich die zwei Damen dort hinten, die haben Ihren wohlver-dienten Urlaub unterbrochen und sind extra für dieses Meeting kurz ein-geflogen. Das nenne ich Engagement. Alle Hochachtung, ich weiß von mir selbst, welche Opfer das auch bei den Diskussionen mit der Familie haben kann, wenn die nicht so mitzieht, wie unsere Firma das gerne sähe. Ich sehe also sehr wohl den Willen von einigen von Ihnen, als Team zu-sammenzuhalten und möchte ganz bewusst sagen, dass ich so etwas ermu-tige. Genug der einleitenden Worte. Ich möchte Sie also alle – jeden von Ihnen – ganz herzlich hier zu unserem Networking begrüßen. Wir werden heute Spaß haben, es gibt heute Abend eine Überraschung. Wir essen etwas Deftiges und ich lasse Gutscheine an Sie austeilen, mit denen Sie umsonst ein nicht alkoholisches Getränk bekommen. Diese Gutscheine habe ich aus eigener Tasche bezahlt, obwohl die Geschäftslage unserer Abteilung noch Room for Improvement zulässt. Dazu später. Morgen früh werde ich kurz mit Ihnen die Zahlen durchgehen. Sie wissen ja selbst ungefähr, wo wir stehen: Da, wo wir eigentlich nicht stehen wollten. Ich weiß, wir haben uns immens viel vorgenommen, sodass es erstaunlich wäre, wenn wir das erreicht hätten. Dann müsste ich mir ja selbst schwere Vorwürfe machen, Ihnen zu geringe Ziele gegeben zu haben.

(*Bis hierher sanft, nun erregter, crescendo.*)

Wer sich viel vornimmt, schafft auch viel. Man darf nie zufrieden sein, das ist mein Motto. Erst wenn du denkst, es geht nicht mehr, gibt jeder erst sein Bestes her. Spaß beiseite. Ich habe Ihnen stets klar kommuniziert, was ich von Ihnen erwarte. Ganz klar Hochleistung. Wir sind ein High-Perfomance-Team und schaffen auch in schlechten Zeiten Spitzenleistungen. Im Vergleich zu diesen Vorgaben fallen mir die Worte zu Ihren jetzigen Quartalsleistungen nicht leicht. Sie sind nicht schlecht, das will ich nicht sagen, aber die meisten von Ihnen liegen in meiner Wertung hinter ihren Möglichkeiten. Sie wissen, dass ich unser Team für einen Benchmark-Vergleich angemeldet habe. Ich habe mit meinem Gehalt darauf gewettet, dass wir mit großem Vorsprung gegen das andere Bestenteam siegen. Zwar liegen wir deutlich vorne, aber erst mit dem großen Vorsprung bekomme ich meinen Bonus. Das geht Sie natürlich wenig an, aber Sie verstehen, an welchen Stellen der Ernst meines Lebens einsetzt. Noch einmal: Ich erwarte, dass Sie alle Hebel in Bewegung setzen und als Team die Karre aus dem Dreck ziehen. Ich habe nicht zum letzten Mittel gegriffen und die Gehälter gesenkt. Der Gewinn steigt, wenn mehr gearbeitet wird oder wenn die Untätigen rausgehen. Wer hier nicht mitzieht, trifft bei mir auf Zero Tolerance. Lassen Sie sich das gesagt sein. Bei diesen Leistungen ist von Ihrer Seite aus keinerlei Anspruchshaltung angebracht. Manche Ältere scheinen sich hier zurückzulehnen. Sehen Sie sich vielleicht doch einmal den Drive der jüngeren Kollegen an. Die glauben noch an diese Firma.

Ich werde morgen die Zahlen nochmals genau durchgehen und Sie nacheinander, Person-for-Person, Face-to-Face, fragen, zu wie viel Mehrleistung Sie sich freiwillig verpflichten werden. Ohne eine mutige Ansage geht keiner aus dem Meeting heraus. Wir bilden dann Selbstverpflichtungs-Arbeitsgruppen, die sich bis zum Mittag überlegen sollen, wie wir unsere Strategie umsetzen wollen, nämlich noch einmal 10 Prozent an den Kosten zu sparen. Diese Übung haben wir schon ein paarmal erfolgreich hinter uns gebracht, obwohl die meisten von Ihnen gesagt haben, das könne logisch nicht funktionieren. Es ging immer. Warum, bitte, soll es jetzt nicht gehen? Warum weigern Sie sich jedes Mal aufs Neue? Geht nicht gibt's nicht, das ist mein Motto. Keiner darf sich zu schade sein, auch einmal einen Teiljob mit nach Hause zu nehmen. Ich habe Verständnis, dass Sie um 20 Uhr auch mal heimwollen, um Ihre Kinder zu sehen, aber nach dem *heute Journal* ist ja noch etwas vom Tag übrig. Wir dürfen jetzt nicht nachlassen! Wir sind auf einem guten Weg!

Wir müssen uns jede Minute sagen, dass wir alles trotzdem schaffen! Sie wollen doch auch Karriere machen wie ich! Wollen Sie da innehalten? Wollen Sie, dass ich irgendwann sagen muss, jetzt sei bei Ihnen das Ende der Fahnenstange erreicht? Ich selbst will bestimmt nicht hier bei Ihnen stehen bleiben. Ich habe nie einen Hehl daraus gemacht, dass ich weiterziehen will, um mich für immer höhere Verantwortung zu empfehlen. Eifern Sie mir nach! Ich will doch nur Ihr Bestes. Sie sind das Rückgrat der Firma. Auf Ihren Schultern ruht der Erfolg. Ich zerbreche mir Tag und Nacht den Kopf, wie alles noch besser gemacht werden kann. Kommen Sie auf mich zu, bringen Sie selbst Vorschläge! Wir müssen siegen! Dazu habe ich mich verpflichtet!«

Dieses Beispiel einer Rede müssen Sie jetzt noch etwas mit Details ausschmücken. Sie müssen einfach alles fordern, Sie dürfen nichts versprechen, woran Sie gemessen werden könnten, und Sie müssen ständig latent drohen, sonst geschieht ja nichts. Nach einer solchen Rede werden die Mitarbeiter wie benommen dasitzen. Rütteln Sie ihre Mitarbeiter noch ein bisschen auf.

(*Begeisternd:*) »Nun aber geht es an das Vergnügen. Wir essen zusammen! Damit sich alle kennenlernen, haben wir die Sitzordnung zufällig ausgewürfelt und die Leistungsträger an meinen Tisch gesetzt. Ich will einen schönen Abend mit Ihnen verbringen. Lassen Sie uns Beifall für Horst und Heidi klatschen, die hier alles so trefflich organisiert haben! Sie leben hoch! Hoch! – Machen Sie mit, alle! Hoch! Hoch auf unsere Abteilung! Ich will Begeisterung in Ihren Augen sehen! Wir gehören zusammen!«

Selbsttest: Sind Sie der Hyper-Manager?

Gehen Sie den folgenden Fragensatz durch:

1. Denken Sie stündlich nach, um etwas zu verbessern?
2. Haben Sie die Begabung, jede Faulheit sofort zu sehen?
3. Erledigen Sie während Telefonaten oder in Meetings wichtige Angelegenheiten?
4. Konfrontieren Sie Mitarbeiter sofort mit deren Versagen?

5. Fordern Sie unermüdlich zu Leistung auf?
6. Hassen Sie es, Zweitbester zu sein?
7. Sind Sie ständig unzufrieden oder wollen Sie mehr?
8. Werden Sie sofort ungeduldig, wenn sich Leute über etwas unterhalten, was Sie nicht weiterbringt?
9. Lenken Sie das Gesprächsthema stets auf Erfolg?
10. Vergleichen Sie sich und andere oft in allen Dingen?
11. Lieben Sie Luxus?
12. Macht es Sie rappelig, wenn andere sich nicht bis zum Äußersten anstrengen?
13. Verachten Sie Menschen heimlich, die keine Karriere anstreben?
14. Lieben Sie Wettbewerb?
15. Analysieren Sie in erzwungenen Ruhemomenten Verbesserungsmöglichkeiten?
16. Entscheiden Sie schnell?
17. Wissen Sie stets, dass Ihre Arbeit noch nicht zu Ende ist?
18. Fragen Sie sich oft am Abend, wie Sie noch mehr hätten schaffen können?
19. Reiben Sie sich sofort an Menschen, die besser zu sein scheinen?
20. Hassen Sie es, untätig herumzusitzen?
21. Sehnen Sie sich am Strand nach Anrufen oder Mails?
22. Haben Sie einen Blackberry?
23. Lieben Sie hohe Standards?
24. Erhöhen Sie ständig Ihre Erwartungen an sich selbst?
25. Ist Zeit das Wichtigste für Sie?
26. Sagen oft andere: »Du tust zu viel?«
27. Wollen Sie bei Diskussionen immer recht behalten?
28. Legen Sie Wert auf sichere Rhetorik?
29. Wollen Sie, dass Ihre Kinder Ihnen nacheifern?

Im Grunde müssen Sie zu allem Ja sagen können– laut und unmissverständlich. Dann haben Sie hohe Energie und sind ein Typ A mit der vollen positiven Urkraft der Neurose. Sie setzen Ihre Energien immer konstruktiv ein – hin zu Erfolg, Ziel und Ihrer Direkt-Karriere.

Streamline & Orkg (Middle Manager's Direct Primer)

Intermezzo – ein Wegweiser

Wenn Sie endlich ins mittlere Management befördert werden, haben Sie es nur noch mit Abteilungsleitern zu tun, über die Sie jetzt herrschen. Die müssen Sie nicht antreiben, weil die ja schon selbst zu zweihundert Prozent waagerecht in der Luft liegen. Ihre Aufgabe ist es nun, die verschiedenen Abteilungen zu koordinieren und deren gemeinsame Stabsfunktionen wahrzunehmen: Sie sammeln die Daten ein, planen die Anzahl der Mitarbeiter, halten mit der Finanzabteilung Kontakt, prozessieren Beförderungen usw.

Sie als mittlerer Manager sorgen nun dafür, dass diese mehr bürokratischen Tätigkeiten von Ihren Abteilungsleitern durchgeführt werden. Das mögen diese überhaupt nicht, weil sie so sehr Energie versprühen und immerzu antreiben. Da kommen Sie typischerweise mit sehr lästigen Fragen herein und verlangen zu wissen, wie viele Bildschirme die Abteilung am Arbeitsplatz hat. Ein Abteilungsleiter wird dann ernst ärgerlich und empfindet die Aufgabe als empörende Zumutung und Störung. Er weigert sich wie ein schon im Dunkeln spielendes glückliches Kind, das jetzt brutal ins Bett soll.

Und Ihre Aufgabe ist es, ihn wirklich zur Ruhe zu bringen. Sie müssen ihn bezwingen. Sie müssen wie Eltern gegenüber zu energiereichen Kindern vorgehen. Sie strafen, drohen, verbieten, genehmigen und erlauben.

Die immer nur antreibenden Abteilungsleiter werden stets laut schreien, Sie würden sie bremsen. Während die unteren Manager immer »Los! Los! Los!« schreien, müssen Sie darauf achten, dass alles in Ordnung ist. Hauptsächlich werden Sie dann »Nein« sagen.

Das Verhältnis vom unteren Manager mit Biss zum mittleren Manager mit Übersicht ist oft wie das des stürmischen Kindes zum strengen Vater – oder in der Armee wie das Verhältnis des trinkfesten, Schürzen jagenden Leutnants zum schon gesetzten Major. Der Leutnant scheucht die Leute sadistisch im Gelände und lässt sie dort in Hitze und Frost Dreck fressen, der Major aber beaufsichtigt die Kaserne, schaut auf Sicherheit und zählt die Munition.

Es ist wie ein Unterschied zwischen »Los!« und »Halt!«, einer wie Tag und Nacht. Wenn Sie nun das Folgende lesen, denken Sie immer daran, wie sehr Sie sich ändern müssen, wenn Sie aufgestiegen sind oder aufsteigen. Wenn Sie wirklich Antreiber aus Fleisch und Blut, von Geburt und Ihren Genen her sind – dann werden Sie daran scheitern, wenn Sie nicht viel an sich arbeiten.

Wenn Sie aber alles um Ihre Energie herum nur gespielt haben, um Direkt-Karriere zu machen, werden Sie auch die neue Rolle leicht spielen können.

> **Weil Menschen ihre Natur schwer ändern können, ist nur wenigen von ihnen eine Karriere in andere Persönlichkeitsregionen möglich. Wer aber alles spielen kann, kommt weiter. In diesem Sinne ist echte Karriere unendlich viel schwerer zu machen als die konsequente Direkt-Karriere.**

Das Mittelmanagement ist die rigide ordnende Kraft

Ungestümen Energiemenschen mit Biss muss man Grenzen setzen. Die wichtigste Eigenschaft des mittleren Managers ist dafür die Rigidität (aus dem Lateinischen *rigidus* = starr oder *rigida* = steifes Sie wissen schon). Rigidität ist starres Festhalten an Gewohnheiten und Konventionen oder eine Fixierung auf festgelegte Vorstellungen, Verfahren und Handlungsweisen.

Ohne das mittlere Management würde das Chaos ausbrechen. Das untere Management würde die Budgets überziehen. Es würde zu starke Risiken eingehen, um die unerreichbaren Ziele doch zu erfüllen – es würde zum Beispiel Kunden zu viele Geschenke oder Versprechungen in Verträgen machen, um die Aufträge zu bekommen. Wenn Leute zu stark angetrieben werden, was ja im unteren Management tendenziell gewollt ist, dann retten sie ihren Hals durch waghalsige Manöver. Wenn man das Risiko erhöht, gibt es mehr Chancen. Das ist klar. Es ist genauso wie bei Kindern! Die erhöhen auch das Risiko, um mehr Spaß zu haben. Der Polizei sagen sie hinterher: »Uns war langweilig. Da kamen wir spontan auf diese abgefahrene Idee.« Und die Polizei fragte: »Hattet ihr denn keine Hausaufgaben für die Schule zu erledigen?« – »Ach, die haben wir vergessen.«

Was nicht inspiziert, kontrolliert und beaufsichtigt wird, gerät sehr leicht in Vergessenheit, Unordnung, Verschwendung und Gefahr.

Das untere Management treibt die Mitarbeiter zur Arbeit und zum Gesamterfolg. Das mittlere Management sorgt dafür, dass die Abteilung geordnet wie an einer Front vorgeht. Es hält einzelne Abteilungsleiter zurück, zu stark an der Front vorzupreschen und das Ganze in Gefahr zu bringen. Es kümmert sich vor allem auch darum, dass nichts vergessen wird. Im Krieg muss man nicht nur siegen! Die Logistik muss stimmen, die Kräfte müssen ständig erneuert werden und die Aufstellung wird kontinuierlich angepasst.

Damit steht das mittlere Management vor der komplexen, sehr anspruchsvollen Aufgabe, die Logistikprozesse für die Mitarbeiter reibungslos und effizient – wie am Schnürchen – laufen zu lassen. Die Mitarbeiter müssen eine förderliche Umgebung vorfinden, in der sie gerne viel leisten und leisten können. Das mittlere Management ermöglicht das (»Enablement«). Es verfügt dazu über eine umfassende Sicht über die ganze Lage und versteht es, alle relevanten Einflussfaktoren in einem gesunden Gleichgewicht zu halten.

Das sagt die reine Lehre und so predigen die Karriereratgeber. Das ist irgendwie nicht falsch aus der Sicht des Unternehmens, aber für eine Direkt-Karriere ist das meiste davon nur Ballast. Die Direkt-Karriere kommt mit wenigen Prinzipien aus, die sich leicht lernen und sofort umsetzen lassen:

→ Reibungslosigkeit durch Prozesse und Reviews sichern!
→ Nichts vergessen durch Abhaken in Listen!
→ Ordnung schaffen durch Ablehnen aller Ausnahmen!
→ Ausgaben nur nach dreimaligem Nein freigeben!
→ Jedes Risiko verbieten!
→ Alle alles unterschreiben lassen, damit die anderen schuld sind!

Das höchste Lob für reibungslose Ordnung ist: »Man hört nichts von denen. Absolute Ruhe. Scheint alles in Ordnung zu sein.« Lesen Sie diesen letzten Satz mehrmals und vergewissern Sie sich nochmals, ob Sie wirklich verstanden haben, wie schrecklich *unterschiedlich* die Ziele des unteren Managements und des mittleren Managements sind.

Hören Sie nicht auf alle anderen irreführenden Scharlatane, konzentrieren Sie sich auf den Leitsatz der Direkt-Karriere für das mittlere Management:

> **Wirke ausschließlich durch Abhaken, Anprangern von Ausnahmen, Sparen und Forderungen nach Risikoausschluss! Setze die Urkraft des Ordnungszwangs dazu ein. Sage zu allem Nein oder Halt.**

Das klingt vielleicht noch einmal überraschend so wie der Leitsatz für das untere Management, nur anzutreiben und sonst nichts.

Genau: sonst nichts.

Schauen Sie sich um: Wie viele Menschen halten Ordnung, vergessen nichts, sind zuverlässig wie die Funkuhr und drehen jeden Cent um? Nicht so viele. Wie viele von den Managern im unteren Management können sich so umstellen, dass sie vom Typ-A-Trip runterkommen und zur Ordnungskraft taugen? Auch nicht viele. Die meisten Unternehmen suchen die unteren Manager in Assessment-Centers aus. Dort schaut man, wer von der Gruppe als Leithammel in der Diskussion akzeptiert wird und dabei nicht zu destruktiv wirkt. Dann ist der Weg ins Management frei. Aber dann gibt es den Schritt ins mittlere Management ein zweites Assessment, da wird eben auf Rigidität geachtet.

Schauen Sie sich wieder um – unter den Managern, die Karriere machen. Von wie vielen schimpfen Sie normalerweise, dass die ängstlich sind, zu allem Nein sagen, kein Geld rausrücken, nichts investieren, nichts genehmigen, bis auch der letzte Haken im Fragebogen dran ist – und dann werden genau diese befördert. Sie verstehen dann die Welt nicht mehr. »Abhaken und wie eine nervtötende Maschine ›Nein‹ sagen kann jeder!« Das denken viele, weil sie den Irrlehren anderer Managementlehren noch gedanklich folgen. Dabei verstehen sie leider nur nicht, wie eine Direkt-Karriere geebnet wird. Neinsagen ist gar nicht so einfach.

Prozesse steuern das Unternehmen – durch Sie!

Viele große Unternehmen sind heute »prozessorientiert«. Alle Abläufe sind stur nach festen Regeln organisiert. Es gibt einen starren Workflow. Wenn Sie etwa eine Dienstreise planen, müssen Sie Ihren Chef um Erlaubnis bitten, der eventuell wieder den seinen, weil eine Flugreise dabei ist oder ein Auslandsaufenthalt genehmigt werden muss. Sie müssen das Firmenreisebüro bitten, verschiedene Flüge herauszusuchen. Dann werden die Flüge nach Preis sortiert und Sie werden gezwungen, den billigsten zu nehmen, der aber 20 Stunden Warten im Airport und fünfmaliges Umsteigen verlangt. Nun gibt es Regeln, ob eine Ausnahme vorliegen könnte, so dass 55 Euro teurer gebucht werden darf. Dazu wird alles an einen Finanzbeauftragten geschickt, der wieder nachfragt, ob Sie schwanger sind.

Kennen Sie das selbst aus Ihrer Arbeitsumgebung? Die Prozesse sind so designt, dass sie häufig in den ganz stinknormalen Fällen gut funktionieren. Bei nur geringen Ausnahmen gibt es allerdings oft einen schmerzreichen und sinnlosen Pfad ins Nirwana. Niemand ist zuständig, eine Ausnahme zu genehmigen. Alles, was nicht immer wieder ganz oft in der gleichen Weise vorkommt, ist schwierig und bringt einen Menschen in einer Ausnahmesituation völlig zur Verzweiflung. »Ihr Fall ist bei der Planung der Abläufe leider nicht vorausgesehen und geregelt worden. Wir können Ihnen leider nicht helfen.«

Die Prozesse oder der Workflow sind nach dem Vorbild der Fließbänder eingerichtet worden. Dort werden immer die gleichen Handgriffe von Leuten durchgeführt, die sonst keinerlei Ahnung vom Ganzen haben, aber sehr wenig Lohn bekommen. Nach diesem Muster wurden nun Computerprogramme eingeführt, die von Menschen bedient werden (zum Beispiel in Callcentern), die auch sonst keine Ahnung haben, aber billige Arbeitskräfte sind. Die Idee war, dass die Arbeit wie das Fließband nur mit einem großen System funktioniert (einem Fließband oder einem Computerprogramm), an dem nur noch Lohndumping-Kräfte arbeiten müssen, aber keine Ausgebildeten und keine Manager, schon gar keine Mittelmanager. Die Fabrik funktioniert nur mit Leiharbeitern, einem System und dem Boss oben! Das war der Traum. Leider funktionieren die Arbeiten in Banken und Versicherungen noch nicht so vollautomatisch. Noch nicht! Heute jedenfalls nicht.

Es treten bei den Systemen Unmengen ungeplanter Ausnahmen auf, die einzeln entschieden oder behandelt werden müssen. Die Ausnahmen sind meistens so kauzig oder grotesk, dass sie nicht vom unteren Management und schon gar nicht von den Mitarbeitern geregelt werden können.

Im Kern: Man muss oft das mittlere Management um eine Genehmigung bitten. Und da liegt Ihre Chance, Direkt-Karriere zu machen:

> **Genehmigen Sie absolut nichts, jedenfalls nicht auf Anhieb. Lassen Sie sich auf Knien bitten und fordern Sie große Konzessionen. Das erzieht alle unter Ihnen, es zu keinen Ausnahmen kommen zu lassen. Dadurch entsteht Ordnung.**

Die vielen Ausnahmen erzwingen andauernd Ihre Zustimmungen. Sie haben deshalb die Allmacht in allen Fällen, die nicht langweilig normal sind. Damit sind Sie in einer idealen Position. Sie sind am Schalthebel der Macht. Üben Sie diese Macht rücksichtslos aus, indem Sie ablehnen, wieder und nochmals ablehnen und stets Bedenken anmelden. »Ich würde gerne helfen, aber seien Sie erst einmal kreativ, bevor Sie mich in die Zwickmühle bringen. Es geht für mich nicht so ohne Weiteres, immer Ausnahmen zuzulassen. Wo kämen wir da hin. Ich sehe in Ihrem Fall zwar ein, dass ich es genehmigen könnte, aber ich will keine Präzedenzfälle schaffen, die mich in Teufels Küche bringen. Dann rennen mir Ihre Kollegen die Bude ein und machen mir das Leben zur Hölle. Am Ende ist alles Ausnahme. Das wäre das Ende der Ordnung. Und ich will die totale Ordnung!« So müssen Sie Ihre Mitarbeiter abweisen, wenn keine Katastrophe für Ihre eigenen Karriere-Ziele dadurch eintritt.

Die unteren Manager zerschellen an Ihrem Ordnungswillen. Sie arrangieren nun die Arbeiten der Mitarbeiter so, dass keine Ausnahmen mehr vorkommen können. Dadurch vermeiden es die unteren Manager, Sie um Genehmigung zu bitten, die sie ja nie bekommen werden. Sie können diese lobenswerte Tendenz verstärken, indem Sie unteren Managern mit Karrierekonsequenzen drohen, wenn diese Ihre Abteilungen nicht ohne Ausnahmeregelungen führen können. Wenn dann ein Mitarbeiter seinen Abteilungsleiter um die Genehmigung einer nicht ganz preiswerten Flugreise bittet, wird dieser schon sichtbar zusammenzucken und den Mitarbeiter in den Senkel stellen. Mit der Zeit hören die Ausnahmen auf. Niemand will sich mehr von Ihnen demütigen lassen. Man fragt Sie gar nicht erst.

Dann herrscht Ordnung.

Verstehen Sie das? Dann herrscht *die Ordnung*, aber nicht Sie! Alles hat sich gekrümmt, um ohne Ihre Ablehnungen auszukommen. Die Arbeit wird recht und schlecht ohne Sie durchgeführt. Wenn Sie das merken, verschärfen Sie die Prozesse. Sie erklären jetzt auch Mietwagen für eine Ausnahme, verlangen, das Taxifahren zu unterlassen, und fordern alle auf, den Bus zu nehmen. Wer anders verfahren will, muss Sie um Genehmigung bitten.

Zeigen Sie keine Gefühle. Herrschen Sie ohne Ansehen der Person (außer Ihrer eigenen). Das gilt für die anderen Managementstufen auch, es ist universelles Direkt-Karriere-Prinzip. Sie ziehen die Prozessschlinge um den Hals Ihrer Hauptabteilung immer gerade so stark zu, dass Sie den Tag gut mit Diskussionen füllen, ob Sie eine Ausnahme zulassen. Und Sie sagen immer »Nein!« Alle unter Ihnen werden unaufhörlich Trauer tragen und untereinander tratschen und ratschen und jammern, dass man bei diesen rigiden Prozessen nicht wirklich gut arbeiten könne.

Ach, wenn diese Sinnlosigkeit nicht wäre! Ihre Mitarbeiter fühlen sich ohnmächtig und frustriert. Das ist das sichere Zeichen, dass Sie fest im Sattel sitzen. Wenn es einmal zu schlimm wird, trösten Sie die Mitarbeiter – zum Beispiel bei der Weihnachtsfeier: »Ich verstehe Sie ja. Aber das System ist nicht von mir gemacht. Ich führe nur aus. Sie wissen gar nicht, wie viel Prügel ich meinerseits von oben einstecken muss. Davon erzähle ich zu Weihnachten lieber nicht.«

Erinnern Sie sich immer an die katholische Kirche, die zum Beispiel das Zölibat noch Jahrhunderte durchhält oder ewig Frauen fernhält oder die Pille ablehnt. »Wir verstehen ja auch das Volk der Gläubigen. Ja, das verstehen wir. Aber dadurch ist die heilige Ordnung nicht anders als sie ist. Sie steht über dem Menschen. Das müssen wir alle auch verstehen. Die Bibel ist nicht von uns geschrieben. Und sie muss immer so ausgelegt werden, wie wir sie auslegen.«

Das strategische Neinsagen zu allem verhindert jede Neuerung, Reform oder Innovation. Hüten Sie sich vor dem Neuen. Das ist ein wesentliches Element der Direkt-Karriere-Strategie im Mittelmanagement. Reformen und Wandel verursachen inhaltliche Arbeit – nicht zu knapp. Dazu haben Sie keine Zeit. Sie müssen nach oben. Das Neue sollen die Neuen nach Ihnen einführen. Die haben Zeit, sich mit ein und derselben Sache auch einmal zwei Jahre oder länger zu befassen. Sie nicht.

Sie sollten sich als Mittelmanager nur für den reibungslosen Ablauf zuständig fühlen. Das schaffen Sie durch notorisches Ablehnen. Nach oben glänzen Sie bei Ihrem Chef durch Zuverlässigkeit und Ordnung. Sie empfehlen sich für neue Aufgaben.

Methodic Reviewing

Das Mittelmanagement trägt normalerweise die Daten der einzelnen Abteilungen zusammen und berichtet sie an die Bereichsleitung.

Dazu werden die Zahlen am besten wöchentlich im Managermeeting besprochen. Nutzen Sie dieses regelmäßige Meeting, um über Ihren Abteilungsleitern zu residieren.

Sie sollten sich dabei immer an dieselbe Tagesordnung halten:

1. Sie berichten, dass die Leistungen schlecht sind, die Zahlen nicht gut genug sind und dass Sie mehr erwarten. Lassen Sie gegen anwesende Low Performer einige persönliche Spitzen ab. Bieten Sie Ihnen Ihre Hilfe an. »Ich besorge Ihnen einen Termin beim Executive. Dann hört der sich einmal Ihre Schwierigkeiten an und gibt Ihnen Rat.« Damit schüchtern Sie jeden ein.
2. Sie fordern reihum Berichte der Abteilungsleiter, wo diese stehen. Sagen Sie: »Ich bitte nun um Ihre Stati.« Das sagt man so auf Lateinisch. Die wenigsten wissen, dass der Plural vom lateinischen *status* nicht *stati*, sondern *statūs* heißt (mit einem lang gesprochenen u). Outen Sie sich vor dem unteren Management nicht durch Bildung, hier nicht und niemals. Vor den Reihum-Berichten war klar, dass sie schlecht ausfallen. Dementsprechend ist der psychische Zustand der Berichtenden schon vor ihrem Bericht gedrückt. Sie sollten sie jetzt nur noch ein bisschen zusätzlich demütigen, das reicht. Es ist generell nicht gut, normale Mitarbeiter zu demütigen, weil die dann innerlich kündigen und dem Gesamtergebnis schaden. Bei Abteilungsleitern ist das nicht so, das stachelt sie an. Die haben ja Biss und sind hungrig. Behandeln Sie die Abteilungsleiter also viel schlechter als Ihre Mitarbeiter. Sagen Sie im Scherz leichthin: »Das Managergehalt ist inklusive Schmerzensgeld oder besteht nur aus solchem. Meins auch, das muss ich wohl nicht betonen, wo ich Ihre schlechten Leistungen nach oben berichten muss.«

3. Jede Woche wechselnd setzen Sie jetzt eine neue, für die unteren Manager ärgerlich ätzende Initiative auf die Tagesordnung. Die Räume sollen aufgeräumt werden (»Clean-Desk-Policy«). Die Mitarbeiter sollen sich neue Krawatten kaufen und nicht in Jeans kommen. Die Inventur muss durchgeführt werden. Sie wollen, dass mehr Frauen eingestellt werden. Die Reisekostenrechnungen müssen geprüft werden, weil da alle Mitarbeiter betrügen. Beauftragen Sie alle Abteilungsleiter, diese Aktionen unverzüglich und vollständig durchzuführen und den Erfolg unverzüglich zu melden. Achten Sie darauf, dass die Abteilungsleiter beim Hören Ihrer neuen Anforderungen ziemlich aggressiv wirken, damit Sie sicher sind, sie bis zum Anschlag mit diesen neuen Ordnungsarbeiten auszulasten.

4. Gehen Sie die Aktionen der Vorwoche durch. Völlig rigide. Lassen Sie es sich nicht bieten, dass jemand eine Ausnahme gemacht und die Ordnung nicht perfektioniert hat.

5. Berichten Sie öfter nebenbei, dass Sie mit einigen Mitarbeitern gesprochen hätten, die sich sehr zuversichtlich über die eigene Arbeit geäußert haben, aber über das Management klagten (das untere natürlich, das ist auch faktisch klar, weil sich Mitarbeiter bei Ihnen ja nicht über Sie beschweren, obwohl sie besonders das täten, wenn sie sich frei dazu fühlten). Nennen Sie keine Namen, deuten Sie alles an.

6. Drohen Sie an, die Frequenz der Meetings zu erhöhen oder die Meetings zeitlich zu verlängern. Fragen Sie, ob die jetzige Frequenz ausreicht. Alle sagen brav gequält Ja.

Durch solche Maßnahmen setzen Sie das untere Management unter permanenten Druck, alles in Ordnung zu halten. Das ist aber nur die organisatorische Seite der Medaille. Ordnung wird am besten durch Erzwingung von Gleichheit und Einheitlichkeit erzielt. Das geht am besten durch logische Reduziertheit. Ersetzen Sie einfach alles Reale durch eine Zahl.

Grün/Rot oder Ja/Nein – Zahlenmanagement

Das Mittelmanagement arbeitet heute vor allem als beckmesserische Zahlenverarbeitung. Das ist sehr erfolgreich, weil Sie dazu überhaupt keine Fachkenntnisse benötigen. Sie simplifizieren alles so weit, dass es durch eine Zahl ausgedrückt werden kann. Diese Zahl beurteilen Sie dann, indem Sie sie mit anderen Zahlen vergleichen. Diese Denktechnik grenzt nahe an das völlige Aufgeben des Verstandes, mindestens des gesunden Menschenverstandes. Wenn Sie aber eine schnelle Karriere machen wollen, ist dieser Schritt, Ihren gesunden Menschenverstand aufzugeben, ganz unerlässlich. Ich erläutere das an Beispielen:

1. Sie sollen eine Professorenstelle an der Uni im Lehrfach Management besetzen. Zwei Bewerber sind am besten. Einer ist ausgewiesener Innovationsexperte mit Managementerfahrung, der andere ist anerkannter Spezialist für Inflationstheorien. Beide haben etwa 100 Publikationen mitgeschickt. Welchen wollen Sie nehmen? Sie müssen sich in einen Berg von Schriften einarbeiten, die Stellung der Wissenschaftler in der Welt erkunden, den Wert der Arbeiten beurteilen etc. Das ist eine titanische Aufgabe. Einfacher ist es, nach dem jetzigen Gehalt der Bewerber zu fragen, weil das Gehalt ein Indikator für den Wert einer Person ist. Stellen Sie also denjenigen als Professor ein, der gerade mehr verdient. Da haben Sie den besseren. Fertig. Wenn Sie sich jedoch keine Konkurrenz ins Haus holen wollen, nehmen Sie eben den schlechteren. Das wird im Regelfall so gehandhabt. (»Wir wollten ein preiswertes junges Talent fördern, in dem wir großes Potential sehen.«)
2. Sie sollen zwei Angebote über Kernkraftwerke prüfen. Welchen Anbieter nehmen Sie? Sie können mit dem Vergleichen der Angebote, die nicht selten mehrere Tausend Seiten umfassen, ein halbes Leben hinbringen. Am besten beauftragen Sie Berater, die nur feststellen sollen, ob die beiden Angebote okay sind, also gute Kernkraftwerke liefern. Dann nehmen Sie das billigere. Das teure dürfen Sie eh' nicht nehmen, weil es Vorschriften gibt, das billige zu kaufen.

Das Prinzip ist immer das gleiche: Sie reduzieren ein Problem auf eine Zahl und entscheiden sich für die bessere Zahl. Im ersten Beispiel macht man es sich sehr leicht und nimmt als Bewertungszahl einen leicht erfahrbaren Indikator, das Gehalt. Der Fehler bei der Entscheidung kann immens sein, wenn dieser Indikator nicht die Wirklichkeit trifft. Zum Beispiel könnte der Bewerber mit dem höheren Gehalt ein fünfzig Jahre alter Wissenschaftler aus den USA sein, der andere ein dreißig Jahre alter Inder. In diesem Fall ist klar, wer mehr verdient, und die Gehaltszahl hat nichts mit der Qualifikation zu tun. Im zweiten Beispiel ist es ungeheuer viel Arbeit, den wahren Preis eines Mammutprojektes zu ermitteln. Daran könnten 50 Top-Experten ein Jahr lang arbeiten.

Sei es wie es sei: Wenn Sie die schnelle Direkt-Karriere anstreben, geben Sie die Ermittlung der Zahlen jeweils in Auftrag. Sie sind danach nur der ganz große Entscheider, der sich für die beste Zahl entscheidet (für die billigere). Das ist das universelle Prinzip der schnellen Karriere: Ziehen Sie sich auf die reine Entscheidung zurück und halten Sie sich aus allem heraus, was Fachkenntnis verlangt. Dafür gibt es technische Fachkräfte und die Manager unter Ihnen. Die beiden Beispiele oben kommen ja im Mittelmanagement nicht echt vor, sie sind instruktiv, passen aber nicht in den Kontext hier. Ich habe sie trotzdem für eine gute Illustration gewählt.

Nun ein wirkliches Beispiel aus dem normalen Alltag eines mittleren Managers: Ein Abteilungsleiter will fünf neue Leute einstellen, damit eine neue Geschäftschance am Markt ausgenutzt wird. Er bittet Sie um die Freigabe der Einstellungen.

Dazu lassen Sie sich von ihm einen sogenannten »Business-Case« vorlegen, also eine Berechnung, dass diese Investition große Früchte trägt und Ihnen den Gewinn der Hauptabteilung um XY Euro steigert. Damit zwingen Sie den Abteilungsleiter, seinen Vorschlag als eine einzige konkrete Zahl einzureichen. Sehen Sie sich diese Zahl an und sagen Sie NEIN. Verlangen Sie eine Überarbeitung des Vorschlages, sodass ein viel höherer Gewinn für die Hauptabteilung herauskommt. Den neuen Vorschlag lehnen Sie ebenfalls ab. Viel zu niedrig!

Das klingt grausam, aber es wissen ja alle, dass Sie immer NEIN sagen. Deshalb versucht man ganz generell, Sie auszutricksen. Man lügt Ihnen zu geringe Zahlen vor, weil Sie ja doch immer höhere fordern. Die ersten paar Neinrunden bei Ihren Genehmigungsprozessen nehmen also nur die unverschämten Lügen Ihrer Mitarbeiter oder Manager aus den Plänen heraus. Lehnen Sie so lange ab, bis der Glanz aus den Augen des Vorschlagenden verschwindet. Dann legen Sie noch zehn Prozent drauf und befehlen ihm, dieses Ergebnis zu liefern. Er ist dann für das Gelingen verantwortlich, nicht Sie. Sie sind bei gutem Zahlenmanagement eigentlich für nichts mehr verantwortlich! Das ist sehr wichtig für Sie! Sie können auf diese Weise nichts falsch machen.

Abschweifung: Es gibt ein geflügeltes Wort in Unternehmen. Es lautet: »Der Kunde droht mit einem Auftrag.« Darin liegt scherzhaft die ganze Angst des Unternehmers, wirklich einen Auftrag zu bekommen. Warum hat er Angst? Der Kunde hat ihn in einem langen Ausschreibungsverfahren so sehr geknebelt, dass mit dem Auftrag fast nichts mehr zu verdienen ist, außer durch Blut und Tränen. Deshalb wird ein Unternehmer oft sehr blass oder nachdenklich und zählt seine Knochen, wenn der Auftrag kommt. So! Genau so muss es sein, wenn Sie einmal JA sagen. Es muss sich wie ein Unglück für den anfühlen, dem Sie etwas genehmigen.

ALLE Projekte in Ihrem Bereich werden in dieser Weise in Zahlen verwandelt. Diese Zahlen, die eine fast unerreichbare Verpflichtung der unteren Manager und der Mitarbeiter darstellen, werden in Tabellen eingetragen und getrackt, wie man sagt. Man kontrolliert also ständig, wie weit jeder ist, seine Zahlen zu machen.

Dieser Vorgang, sich den Fortschritt zu diesen Zahlen hin unablässig erklären zu lassen, wird Zahlenmanagement genannt. Man vergleicht Ist und Soll, Schätzungen zum Jahresende, Schätzungen des laufenden Quartals und so weiter. Die Projekte werden in Kennzahlen aufgelöst, die wiederum zeigen, wie weit sich das Projekt der Zielzahl annähert. Es ist wichtig, dass die Abteilungsleiter viel Zeit damit verbringen müssen, damit sie andauernd unter seelischer Qual stehen. Diese Feinheit wird oft verkannt. Normale Mitarbeiter, die ja oft noch einen gesunden Menschenverstand besitzen dürfen, weil sie teilweise mit Kunden zu tun haben müssen, schimpfen aus Unkenntnis immer so: »Das Schwein wird nicht fett vom häufigen Wiegen!« Diesen Satz hören Sie nur von Naiven, die an das Schwein denken, nicht an den Züchter, der seelisch unter Dauerdruck gehalten werden muss. Zahlenmanagement muss als Psychoterror ausgeübt werden. Oder salonfähig und feinsinniger: Es dient der Motivation.

Noch einmal: Dazu brauchen Sie keinerlei Fachkenntnisse. Die Arbeit machen Ihre Leute. Ihre Aufgabe dabei ist das fortwährende Schimpfen und Fluchen über die schlechten Zahlen. Statt der Wörter »fluchen« etc. benutzen Sie lieber Amerikanismen. Wenn Sie jemanden unflätig anschreien, ist es »challengen«, so wie herausfordern. Ich »challenge« jemanden, werfe ihm aber eigentlich Langsamkeit und Schwäche vor. Das Challengen motiviert Ihre Leute. Zeigen Sie dabei stets gnadenlose Rigidität. Schneiden Sie allen Ausreden das Wort ab. Hören Sie nicht zu. Lassen Sie sich niemals

Zahlen relativieren. Für Sie gibt es nur Schwarz oder Weiß, erfüllt oder nicht erfüllt, Grün oder Rot, Ja oder Nein. Versuchen Sie, immer Schwarz oder Rot zu sehen.

Wenn Sie also die Stati in den Projekten besprechen, lassen Sie einen der Manager die Tabelle vorbereiten und die Stati in Form von Zahlen eintragen. Hinter den Zahlen stehen die laufenden Ergebnisse (die »Actuals«) und die Schätzungen (»Forecasts«). Am Ende jeder Zeile steht ein Farbklecks, rot oder grün. Verwenden Sie Rot, um zu zeigen, dass das Projekt in schlimmem Zustand ist. Wenn das Projekt Ihre völlig überzogenen Erwartungen trifft, setzen Sie Grün in die Zeile.

Machtpolitisch gesehen ist es am besten, nur die roten Zeilen im Meeting zu besprechen. Gute Menschenführung, zu der die meisten anderen Karriere-Ratgeber verführen wollen, rät, die grünen Projekte zu loben. Unterlassen Sie das! Was gewinnen Sie dabei? Die Belohnung für den grünen Projektmanager besteht darin, im Meeting nicht besprochen zu werden. Das ist ein wunderschönes Gefühl, in einem Meeting nur herumsitzen zu dürfen und gewiss zu sein, nicht gechallengt zu werden! Man sagt erleichtert: »Ich bin im grünen Bereich.« Das ist ein seltenes Hochgefühl im Management! Wenn Sie das ganz genau verstehen wollen, setzen Sie mal ein Projekt in den Sand und berichten ein paar Wochen mit roter Flagge. Dann verstehen Sie, was ich sage!

Im grünen Bereich zu sein ist wie Urlaub im Himmel. Dann schauen Ihre Abteilungsleiter ganz relaxt drein. Passen Sie darauf genau auf! Wenn das passiert, sollten Sie ihnen Mehrarbeit aufbrummen. Ihre Hauptabteilung hat keinen Platz für einen Himmel. Sie ist das Sprungbrett für Ihre Direkt-Karriere. Kommunizieren Sie das bei jeder Gelegenheit. Es challengt zusätzlich.

Früher waren die Zeiten einfacher, da gab es noch keine Farbdrucker. Damals setzte man statt Rot und Grün ein Plus oder ein Minus in die Zeile. Seit es Farbdrucker gibt, haben sich die unteren Manager durchgesetzt, auch weichere Farben zu verwenden. Es ist jetzt auch Gelb als Farbe erlaubt. Gelb erinnert an die mittlere Ampelfarbe und bedeutet Achtung. Ich selbst empfehle das nicht. Es verlängert die Meetings. Die gechallengten Manager versuchen jetzt fast jedes Mal, durch langes Wehklagen und Vorbringen fadenscheiniger Ausflüchte ihre roten Projekte auf Gelb runterzudiskutieren. Verschwenden Sie keine Zeit damit. Es reißt sonst ein. Sie können sicher sein, dass Ihnen findige Drückeberger unter ihnen bald mit

Orange kommen oder Gelbgrün. Dann kommt eine Inflation von Farben, so wie bei den Bewertungen der Kreditratings. Erst hatte man A, B, C, D – dann gab es AAA, BB+, CCC– und so weiter und aus vier klaren Wertungen wurden leicht fünfzig.

Sie verlieren dann Ihre Macht! Seien Sie vorsichtig. Außerdem brauchen Sie wieder Fachkenntnisse, um 50 Stufen zu verstehen! Und zuletzt ist das Challengen fast wirkungslos, wenn Sie etwas von CCC auf CCC– herunterstufen wollen. Diskutieren Sie am besten immer Schwarz oder Weiß, das geht Ihren Untergebenen ganz anders an die Nieren.

Projekte sind immer schlecht.
»Rot? Nieder mit Ihnen, Sie Faulenzer!«
»Grün? Haben Sie sich zu wenig vorgenommen, Sie Faulenzer?«
Ob Rot oder Grün, Sie müssen dagegen sein.

> **Betreiben Sie rigides Zahlenmanagement in möglichst grober Form. Differenzieren Sie nicht zwischen Graustufen. Ja oder Nein, Weiß oder Schwarz, meistens Nein.**

Machen Sie alles zu einer Zahl. Lassen Sie Ihre Umgebung wissen, dass Sie sich mit nichts anderem befassen. Sie sind nicht für Inhalte zuständig. Sie führen keine Sachdiskussionen. Sie vertrauen in dieser Sache auf Ihre Untergebenen. Das ist für dieses eine Jahr gerechtfertigt. So lange geht es gut. Dann sind Sie ja schon wegbefördert.

Permanent Cost-Cutting

Die Mitarbeiter erledigen eigentlich alle Arbeit draußen beim Kunden oder in der Produktion. Sie werden vom unteren Management angetrieben. Wenn Sie es gut anstellen, ist draußen für Sie nichts zu tun. Stellen Sie das sicher!

Sie verwalten und challengen nur noch. Sie reden keinem in die Arbeit rein, sondern Sie verlangen nur mehr. Mehr! Und alles in Grün!

Zusätzlich können Sie noch die Budgets verknappen, das sind die Gelder, die den Abteilungen zur Erledigung ihrer Arbeit zur Verfügung stehen. Kürzen Sie die Mittel ohne jede Rücksicht auf die Folgen, die Ihnen sofort von allen unter Tränen aufgezählt werden. Hören Sie nicht zu. Lassen Sie sich auf keine Sachdiskussionen ein. Lassen Sie keine Sinndebatten zu. Es ist schon ein schlechtes Zeichen, wenn Ihnen so viel Sachverstand und Einfühlung zugetraut wird, dass man überhaupt mit Ihnen diskutieren will! Es wäre besser, man sähe gar keinen Sinn darin, mit Ihnen zu reden. Dann erst sind Sie wahrhaft rigide.

Ich hoffe, ich nerve Sie nicht mit meinen Warnungslitaneien: Bitte versuchen Sie niemals, Ihr Business genau zu verstehen! Lassen Sie es, mit Sachverstand nach Einsparpotentialen zu suchen. Das wird Ihnen von den besagten anderen Ratgeber-Gurus vorgeschlagen und Sie müssen es lange lernen. Sie haben dafür keine Zeit.

Sie sehen ja selbst mit innerlicher Empörung, wie es überall vollkommen richtig gemacht wird: Man kommt mit dem Rasenmäher und kappt jeden Halm auf Einheitslänge. Das ist grausam. Das sieht falsch aus. Es funktioniert aber sofort. Alles andere funktioniert nicht! Sehen Sie sich um, was passiert, wenn nach Kostensenkungsvorschlägen gesucht wird. Keinem fällt etwas ein! Es lügen auch alle aus Selbstschutz!

Die Gutratgeber rufen meist zu sinnvollen Sparvorschlägen auf, die dann Monate zerredet werden. Am Ende, nach unzähligen Meetings, schütteln alle Gutmenschen und Sparversucher den Kopf und haben eingesehen, dass man aber auch gar nichts ohne böse Folgen einsparen kann. An dieser fantastisch dummen Methode scheitern im öffentlichen Leben weithin sichtbar alle Renten-, Steuer-, Was-weiß-ich-Reformen. Wenn mehr Geld winkt, verplempern sie alle die Zeit mit Verteilungskämpfen. Wenn aber gespart werden soll, zeigen sie woandershin. Alle wissen, dass Einsparen ohne böse Folgen nicht geht. Sie aber, nur Sie, akzeptieren ja die bösen Folgen! Das ist der Unterschied. Deshalb können nur Sie sparen – mit allen bösen Folgen für die anderen und einer guten Karriere für Sie.

Egal, wann und wo: Man kann immer 10 Prozent einsparen! Das ist die Erfahrung.

Managen Sie deshalb ganz rüde durch lineare Cuts. Sie schneiden einfach 10 Prozent pro Jahr ab. Hören Sie auf kein Geschrei. Setzen Sie die neuen gekürzten Budgets in die Tabellen und flaggen Sie alle Zeilen mit Rot. Die Leute werden sich schon beruhigen. Ein Budget-Cut ist wie ein Tsunami. Wusch, alles weg. Die Überlebenden sinken betäubt zusammen. Nach zwei

Tagen stehen sie auf und bauen die Häuser wieder neu. Mich selbst erstaunt diese bestürzte Reaktion der Mitarbeiter und unteren Manager immer wieder. Es gibt doch jedes Jahr ein oder zwei Budget-Cuts. Und jedes Mal schreien sie, es gebe nichts zu sparen – und jedes Mal wird ihnen gesagt: »Lasst euch etwas einfallen.« Und jedes Mal fällt ihnen etwas ein, zum Beispiel beim Arbeiten Mittag zu essen und gleichzeitig Fortbildungskurse am Bildschirm zu verfolgen oder so.

Wenn es nun schon viele Jahre mit dem angeblich sinnlosen Geldsparen geklappt hat, warum nicht dieses Jahr wieder? Warum sehen Mitarbeiter nicht, dass es wieder klappen muss, weil es immer geklappt hat?

Dieses Thema ist zu bekannt – ich muss wohl kaum mehr dazu sagen. Das Kürzen von Geldern in einer Hauptabteilung kann nur durch Sie erfolgen. Das ist Ihre ureigenste Aufgabe als Mittelmanager, um den Aktienkurs weiter zu steigern. Diese Aufgabe ist wieder ganz leicht zu erfüllen: 10 Prozent weg! Was Sie brauchen, ist wieder und wieder absolute Rigidität. Sehen Sie zu, dass das alleine reicht.

Human-Ressourcen

Als mittlerer Manager haben Sie sich auch um eine ausgewogene Personaldecke in Ihrer Hauptabteilung zu kümmern. Das geht mit einigen wenigen Prinzipien ganz gut. Die nenne ich Ihnen jetzt. Bitte halten Sie sich daran. Das ist im Prinzip einfach, aber beim Personalthema kommt immer ganz besonders das Gemochtwerdenwollen im Manager hoch. Hier stärker als anderswo. Bitte, suchen Sie Ihre Liebe anderswo. Gehen Sie eben manchmal vor Mitternacht nach Hause oder regeln Sie so etwas im Sekretariat. Später, wenn Sie Porsche fahren, ist dafür mehr Gelegenheit. Alles zu seiner Zeit. Jetzt machen Sie Karriere.

Über das Thema Personalmanagement gibt es nun wirklich viele Kilometer Bücher. Die meisten sind eine Art kirchlicher Predigt. Sie flehen, den Menschen nach der Theorie Y wahrzunehmen, zu behandeln und zu entwickeln. Der Mensch ist gut, will viel leisten und muss gefördert werden! Diese Bücher richten einen unermesslichen Schaden an. Sie flößen Mitarbeitern die Ideen von Menschlichkeit ein, die dann am Arbeitsplatz nicht mehr vorgefunden werden. »Wo bin ich hier?«, fragen sich die Mitarbeiter, die von Y-Theorien infiltriert sind. Und Sie müssen dann immer sagen: »In einer x-beliebigen Hauptabteilung.«

Alles ist hier bei Ihnen x. Mitarbeiter und untere Manager werden konsequent wie Faultiere behandelt, die sofort die Arbeit niederlegen, wenn sie genug zu essen haben. Deshalb hängen Sie selbst für alle anderen die Trauben hoch.

Als mittlerer Manager managen Sie jetzt die gesamte Personaldecke entsprechend. Die einfachste Grundidee ist diese: Feuern Sie die schlechten und alten Mitarbeiter und ersetzen Sie sie durch junge Kräfte. Das macht nicht viel Arbeit und ist sehr effektiv.

Sie sollten also eine Tabelle Ihrer Abteilungen und Mitarbeiter anlegen und die Mitarbeiter in verschiedene Schubladen einteilen. Stellen Sie sich immer die What-if-Frage: Was wäre, wenn dieser Mitarbeiter kündigen würde?

A. Leistungsträger, bei dessen Kündigung harte Probleme entstünden (10 Prozent von allen)
B. Gute Kräfte, die besser dableiben sollten (20 Prozent von allen)
C. Normale Mitarbeiter mit marktgängiger Standardqualität von der Stange, die dableiben können oder auch nicht, Ersatz ist reichlich da (40 Prozent von allen)
D. Outplacement-Kandidaten, die schnell wegsollten (Low Performer, Ältere, Mitarbeiter mit Prioritäten im Familienleben)

Sie teilen jetzt alle Mitarbeiter in die Klassen A, B, C oder D ein. Das klingt jetzt ein bisschen mitleidlos, aber genau so verfährt Ihre Bank mit Ihnen selbst ja auch. Dort werden die Kunden in Risikoklassen eingeteilt, wieder in gute Kunden bis hin zu solchen, die schlecht bedient werden, damit sie das Konto wechseln. Bei Banken ist es sogar vom Gesetz (Basel II) her erwünscht, die Kunden zu klassifizieren! Bei Mitarbeitern ist es ja noch viel wichtiger. Sehen Sie: Bei einer Bank geht es nur um den lächerlichen Unterschied von einem Kleinkredit, der vielleicht nicht zurückgezahlt wird. Na und? Da sind ab und zu mal fünftausend Euro weg, wenn die Kreditwürdigkeit falsch eingeschätzt wurde. Das ist aber absolut nichts gegen den Schaden, den die vielen Low Performer in Ihrem Managementbereich anrichten. Die kosten erst einmal viele Tausend Euro. Dann verursachen sie Problemfälle und Kundenbeschwerden, die wieder von den Leistungsträgern korrigiert werden müssen. Ein einziger Low Performer kann gut und gerne noch zusätzlich 20 Prozent eines Leistungsträgers verbrauchen, der dauernd grobe Pannen ausbügeln muss. Sie haben aber nur sehr wenige Leistungsträger! Dazu kommt, dass die Low Performer, weil sie oft ausgeschimpft werden müssen, nun bei jeder Kleinigkeit andere mittlere Performer um Rat fragen und um Hilfe bitten. Damit verbrauchen sie wieder teure Ressourcen. Wer es genau nachrechnet, wird feststellen, dass man es gar nicht oder sogar positiv bemerken würde, wenn die Low Performer plötzlich in Luft aufgelöst wären.

Als Human-Ressource-Manager befehlen Sie jetzt Ihren unteren Managern, die Underperformer loszuwerden. Setzen Sie das als Ziel. Tracken Sie es wöchentlich im Managermeeting. Die schmutzige Arbeit machen dann die unteren Manager. Lassen Sie sich nicht seelisch zu sehr damit ein.

> **Das Human-Resource-Management erfolgt in der Seelenlage des Chirurgen bei harten Schnitten. Was weg muss, muss weg. Es geht um das Ganze, nicht um die Einzelteile.**

Achten Sie auf der anderen Seite darauf, dass die Leistungsträger immer gut zu arbeiten haben. Sie sollten Sie nicht zu sehr loben. Es reicht eigentlich, dass diese wissen, dass Underperformer immer wieder hochnotpeinliche Outplacement-Gespräche haben. Vor allem aber verlieren Sie über Ihre Leistungsträger nach außen hin kein Sterbenswort. Wenn schon, machen Sie sie eher schlecht. Wenn Sie Leistungsträger öffentlich loben, bekommen diese oft Angebote, in anderen Abteilungen zu arbeiten, wo zum Beispiel nette Personalvorgesetzte arbeiten, die für Potenzialförderung bekannt sind. Sagen Sie öffentlich, dass ein Wegbewerben von Leistungsträgern von Ihnen als Fahnenflucht gesehen und härtestens bestraft wird (schlechtes Zeugnis ausstellen!). Dieses Maßnahmenbündel heißt im Slang »Resource-Fencing« (Mitarbeiter hinter Stacheldrahtzaun für sich selbst behalten).

Der einzige Grund, Mitarbeiter besser zu behandeln, ist eine zu hohe Attrition-Rate oder Abriebrate. Sie ist die Prozentzahl der Mitarbeiter, die im letzten Jahr gekündigt haben oder sich versetzen ließen. Wenn die Attrition zu hoch ist, müssen Sie wieder ein paar nette Momente einstreuen, aber das kommt kaum je vor. Normal sind Attritionsraten von fünf bis zehn Prozent. Das lesen Sie ja überall in anderen Büchern. Die lügen! Sehen Sie: Sie sollen ja die dreißig Prozent Low Performer rausmanagen. Wenn Sie das schaffen, wäre die Attrition dreißig Prozent. Nach herkömmlichen Lehrbüchern, die alle Menschen als gleichwertig ansehen, ist das eine Katastrophe. Aber im Sinne der Strategie, alle Class-D-Mitarbeiter zu canceln, ist es ein genialer Erfolg. Sie müssen also nur die Attrition in den anderen Mitarbeiterklassen messen. Führen Sie unbedingt einzelne Statistiken. Zeigen Sie die aber nicht. Personenlisten sind mitbestimmungspflichtig – Sie verstehen?

Ältere Mitarbeiter sind wegen früherer Lohnerhöhungen meistens schon sehr teuer. Neueingestellte kosten oft nur halb so viel. Es ist klar, dass Sie lieber zwei Frische einstellen sollten. Ältere Mitarbeiter kennen außerdem alle Spielchen rund um die Direkt-Karriere. Sie lassen sich nicht so willig peitschen wie Rennpferde zum Auspumpen bis zum Ziel. Sie lassen sich prügeln wie Esel – sie honorieren das Prügeln also durch keinerlei Mehrleistung. Im Klartext: Ältere Mitarbeiter sind fast nie motiviert. Dazu kommt, dass sie keine Ahnung von neuen Technologien haben, weil sie nun schon Jahrzehnte geschuftet haben, ohne dass das Unternehmen sich je um deren Weiterbildung gekümmert hätte. Deshalb können ältere Mitarbeiter eigentlich keine Ahnung von neuen Entwicklungen haben. Man ersetzt sie einfach immer wieder durch junge Leute, die solche neuen Kenntnisse zur Einstellung mitbringen müssen. Diese jungen Leute können nun wieder ein oder zwei Jahrzehnte ohne Investitionen ausgepresst werden. Ab und zu reichen Zweitageslehrgänge mit einem Abend-Buffet, damit sie sich immer noch für frisch halten.

Sie sehen, das alles ist kaum Arbeit für Sie. Sie müssen nur streng sein. Mitarbeiter sollten wie Orkgs (mein Kunstwort aus Org wie Organisation und Ork aus dem Herrn der Ringe) gehalten werden.

Vorauseilender Gehorsam nach oben

Nun sollte alles in Ihrem Bereich geordnet und geregelt sein. Die Orkgs arbeiten, die Abteilungsleiter treiben an, Sie verwalten alles mit rigider Strenge.

Leider haben auch Sie wiederum einen Chef, der naturgemäß für Störfeuer oder Unordnung sorgt. Damit müssen Sie umgehen lernen.

Der Executive über Ihnen wird nicht kommen und eine weitere Überlastung der Orkgs von Ihnen fordern. Das ist Ihr Handwerk. Ihre unteren Manager rufen zum Kampf, Sie stellen die geordnete Front auf. Der Executive herrscht über einen Bereich und er macht sich Gedanken über den Bereich an sich. In einer Armee zum Beispiel rangeln die Grenadiere, die Pioniere, die Aufklärer oder die Panzerleute ständig darum, wer denn der wichtigste Teil der Armee wäre und über allem dröhnt arrogant die Luftwaffe, die schon immer am höchsten flog.

Ein Executive vertraut darauf, dass in seinem Bereich alles funktioniert. Er schielt nicht so sehr nach unten zu Ihnen, sondern mehr zur Seite – eifersüchtig um Geltung bemüht.

Verstehen Sie ihn bitte und helfen Sie ihm.

> **Wer schnell Karriere machen will, muss nicht besser sein als diejenigen neben ihm – er muss seinem Chef nützlich sein.**

Das werden Sie schon bei Beginn Ihrer Karriere schmerzlich lernen müssen. Es werden nicht diejenigen befördert, die alles gut machen, sondern diejenigen, die in kritischen Momenten ihren Chef aus der Schusslinie ziehen. Die nennt man ehrfürchtig Troubleshooter. Nichts verbindet Menschen so sehr wie gemeinsam durchstandene Gefahr. Wenn Sie also immer alles brav erledigen, kommen Sie niemals in eine solche Lage! Sie können sich ohne Katastrophe gar nicht bewähren! Am besten ist es, die Katastrophe gar nicht selber zu verursachen (das geht auch, aber das ist fast unerreichbar hohe Schule), sondern darauf zu vertrauen, dass Ihr Chef eine fabriziert oder in Schwierigkeiten gerät. Das müssen Sie als Erster spüren. Sie müssen alle Stunden, alle Tage die Witterung darauf behalten! Und dann greifen Sie schon einmal ohne Befehl ein.

Das ist meistens leichter, als man denkt. Aber Sie müssen eben stets aufmerksam sein. Oft beginnt etwas sehr Düsteres mit relativ unschuldigen Anfragen, die von ganz, ganz oben in der Hierarchie kommen:

1. Welche Innovationen gab es in unserem Bereich?
2. Welche Maßnahmen-Programme gibt es, um die Kundenzufriedenheit zu erhöhen?
3. Was tut der Bereich für das Image draußen?

Da zucken viele Manager die Achseln und fragen sich, was diese doofe allgemeine Fragerei bezwecken soll. Dabei ist ernste Gefahr im Verzug!

Sie müssen sich als Manager vor allem bei solchen scheinbar ganz ungereimten Aufforderungen vorzustellen versuchen, wie sie zustande gekommen sein könnten. Wo kommt so etwas her? Wer will etwas? Wo ist das verborgene Problem, das meist nicht verraten wird?

Zum Beispiel: Das *manager magazin* hat berichtet, dass Ihre Firma nicht innovativ ist. Darauf muss der Vorstand schnell antworten. Er fragt die Executives, ob sie eine Innovation wüssten, die er selbst nicht kennt. Das ist meistens nicht der Fall, denn Executives geben ständig mit ihren Errungenschaften grässlich an, ohne wirkliche Substanz vorweisen zu können. Da fragen die Executives ganz hektisch und voller Verzweiflung die mittleren Direktoren in einer Rundmail. Sie als mittlerer Manager haben natürlich auch keine Innovation, weil die ja Ärger und Arbeit bedeuten würde. Eine Innovation, Gott behüte! Deshalb ist Ihre naive Antwort: Nein. Wie immer.

Tun Sie das an dieser Stelle nicht! Ihr Chef sollte lieber etwas zu berichten haben. Sie müssen ihn retten oder ihm ermöglichen, ganz oben Pluspunkte zu sammeln. Denken Sie sich in seine Lage hinein, wenn der Boss fragt: »Und da ist keine Innovation? Es stimmt also, was im *manager magazin* steht? Wollen Sie, dass ich rausgehe und das bestätige?« Dabei schnappt die Stimme des Bosses über und er schaut seine Execs grimmig an. In diesem Fall geht es überhaupt nicht um eine Innovation an sich, sondern nur darum, was man dem *manager magazin* entgegnen soll. Wenn Sie – ja Sie! – als Mittelmanager irgendeine neckische Idee haben, die ruhig heiße Luft sein kann, dann »retten Sie einen oder mehrere Hintern«. Erfinden Sie deshalb bitte schnell etwas, was ungefähr Ihre Firma betreffen könnte. Das könnte so klingen: »Hmmh, ich kann es andeuten, aber es ist streng geheim. Wir planen etwas, was tausendmal besser ist als Nanotechnologie. Wir nennen es Picotechnologie. Wir erhoffen uns Quantensprünge, aber wir sind zugegebenermaßen erst in der gedanklichen Konzeptphase zur Planung einer eventuellen Zukunftsinvestition in einen einfachen Prototyp. Wir möchten noch nicht darüber reden.«

Ein anderes Szenario: Es könnte auch sein, dass der Boss echte Sorgen hat, dass Ihr Unternehmen nicht innovativ ist. Dazu hat er allen Grund, weil Innovation der Direkt-Karriere schadet. Damit er wieder besser schlafen kann, lässt er eine Task-Force einsetzen, die feststellt, ob es Innovationen gibt. In diesem Fall dürfen Sie keinesfalls mit ganz heißer Luft wie Picotech kommen. Sie sollten aber IMMER antworten. Es ist gut, wenn Sie auf Ihrem Schreibtisch immer ein paar Heldentaten Ihrer Mitarbeiter liegen haben, über die Sie im Normalfall nicht reden, weil die Mitarbeiter sonst abgeworben werden. Jetzt aber reichen Sie diese Heldentat ein und erklären, es sei eine tolle Innovation, die Sie persönlich initiiert haben. Dann ist Ihnen Ihr Exec ungeheuer dankbar, weil er dem Boss jetzt eine Innovation zeigen kann, aber die anderen Bereichsleiter meist nichts haben. Er gewinnt also beim Boss Pluspunkte. Sie gewinnen doppelt Punkte, beim Exec und beim Boss. (Letzterer vergisst Sie zwar schnell, ganz klar, aber bei einem Beförderungsantrag kann später gesagt werden: »Das ist dieser innovative Geist. Keine Angst, er macht das nicht oft, sonst würden wir ihn nicht befördern wollen. Aber er kann es immerhin, wenn es nötig ist.) Verstehen Sie? Sie müssen wie ein Reh wittern, was in der Luft liegt. Das ist wirklich nicht schwer! Sie müssen nur überhaupt wittern WOLLEN.

Das Verständnis der Abläufe weiter oben ebnet Ihnen den Weg. Sie können sich schon einmal an die völlig andere Arbeit und Seinsweise dort oben gewöhnen. Oben läuft ein anderes Spiel!

Ein Beispiel zur zweiten und dritten »unschuldigen« Frage oben: Was tun Sie für Kunde und Image? Üben Sie diese Szenarien ein. Haben Sie Antworten parat, wie oberflächlich auch immer.

Für Kunden: »Ich habe jedem Mitarbeiter einen Kunden zugeordnet, nach dessen Befinden er sich telefonisch erkundigen soll. Wir beginnen schon nächstes Jahr damit, dies regelmäßig zu tun. Eine Task-Force beginnt, die Telefonnummern herauszusuchen, was aber sehr viel Zeit kostet. Wir sind überlastet und fürchten, wenig für Kunden tun zu können. Wir beantragen, sieben Studenten für ein paar Monate einstellen zu dürfen, die die Nummern heraussuchen und am besten auch noch den Mitarbeitern das Anrufen abnehmen. Studenten sind ohnehin authentisch netter, weil sie mit unserem Unternehmen nichts zu tun haben.«

Verstehen Sie das Prinzip? Reichen Sie einfach Ideen oben ein und knüpfen Sie jede echte Arbeit an eine Geldbewilligung, die Sie sowieso nicht bekommen. Es geht nur darum, dass schnell etwas getan wird, was echte Wirkung zeigt.

Fürs Image: »Wir haben Prospekte verteilt und unsere Leute aufgefordert, sich in der Öffentlichkeit nützlich zu zeigen. Wir haben jedem empfohlen, Mitglied des VDE oder Kirchenbeirat zu werden. Der Aufruf in unserer Hauptabteilung war ein Volltreffer. Bereits nach einer Stunde haben sich zwei Mitglieder des VDE gemeldet und ein Kirchenbeirat [… die das sowieso schon seit 20 Jahren sind]. Nur in der ersten Stunde! Wenn sich nun jede Stunde neue Mitglieder in solcher Unzahl melden, sind wir bald in allen Verbänden hochrangig vertreten. Wir warten jetzt diese erfreuliche Entwicklung bis zum Jahresende ab.« (Warum haben Sie ausgerechnet von Ihren Mitarbeitern VDE und Kirche verlangt? Warum nicht VDI? Antwort: Weil Sie wussten, dass Sie dort eben die genannten Mitglieder schon haben.) Wieder haben Sie bei ihrem Exec Ehre errungen.

Bei solchen Aktionen kommt es auf absolute Blitzschnelligkeit an. Sie müssen sofort einfühlend reagieren und dürfen sich keinesfalls durch Skrupel hemmen lassen. Aber die sollten Sie auf der Stufe eines mittleren Managers schon nicht mehr haben. Das klingt banal, aber gerade die Ordnungsfanatiker unter Ihnen glauben, dass es auch mit der Wahrheit seine Korrektheit haben müsste. Wenn Sie das denken, sind Sie mit Ihrer Karriere am Ende der Fahnenstange. Das Korrekte hat seinen Platz im Unternehmen – im Mittelmanagement. Darüber – wie gesagt – wird anders gespielt. Executives haben Marketing-Auftritte, da kommt es auf Korrektheit nicht an. Das müssen Sie jetzt schon lernen! Sie werden sich ja wandeln müssen!

Ihre Direkt-Karriere

Ich habe Ihnen nun dargestellt, wie Sie sich im mittleren Management verhalten sollten. Sie wollen natürlich weiter.

Es ist üblich, einige Jahre im mittleren Management zu arbeiten. Nutzen Sie diese Zeit, die Maschinerie des Unternehmens über Ihnen verstehen zu lernen. Als Executive sind Sie später für einen Bereich verantwortlich. Sie müssen diesen Bereich mit anderen Bereichen abstimmen – in Wirklichkeit aber mit ihnen um die Budgets kämpfen.

Es ist so, wie Sie es von der Regierung her kennen. Die Minister sollen von der Theorie her zusammenarbeiten und ihre Vorhaben miteinander in Einklang halten, um den ganzen Staat zu führen. Aber sie bekämpfen sich erbittert. Wer ist wofür zuständig? Wer hat welche Kompetenzen? Wer mischt sich in die Angelegenheiten des anderen Ministeriums ein? Wer darf sich über Forschung in der Wirtschaft öffentlich äußern? Der Wirtschaftsminister oder der Wissenschaftsminister? Faktisch vermeiden dann beide, darüber zu reden, weil das zu Krieg zwischen beiden führen würde.

Daher funktioniert auch Forschung mit Wirtschaft nicht zusammen, weil keine der beiden Seiten je zuständig ist und sich beide nie vertragen. Unter Umständen gehören die Minister verschiedenen Parteien an! Dann gibt es gar keinen Ausweg aus dem Dilemma.

So ähnlich ist es in großen Unternehmen auch. Alle bewachen eifersüchtig ihren Bereich, ihren »Turf« (amerikanisch: Revier einer Gang).

Das müssen Sie verstehen! Sie müssten am besten in jedem Bereich ein halbes Jahr arbeiten und die dortige Kultur kennenlernen. Noch besser ist es, Assistent eines Vorstandes zu werden und ihm den Notizblock nachzutragen. Dann lernen Sie alles aus der Vogelperspektive kennen. Bevor Sie Executive werden, sehen Sie sich die Executives aus der Sicht des Vorstandes an. Wenn Sie sein Assistent sind, kommen die Executives und bitten stolz um einen Termin. »Ich will meine neue Idee vortragen!« Und danach kommen diese Execs pfauenstolz aus der Unterredung mit dem Boss zurück, streichen sich die Haare zurück und wissen, sie haben gerade ihr Glück gemacht. Sie selbst fragen als Assi gleich danach den Boss: »Soll ich irgendwelche Entscheidungen protokollieren?« Da lächelt der Boss und sagt über den Exec, der gerade da war: »So ein Schwätzer. Wir schicken ihn in eine Auslandsfiliale, das ist für seine Karriere sicher gut. Notieren Sie Antarktis, da stellen wir ihn kalt.« – »Da wird er aber nicht heiß drauf sein, Boss.« – »Nein, er wird kündigen, ist doch klar. Dann bekommt er mit Sicherheit das erste Lob von mir, auch schriftlich im Zeugnis.«

Um nach oben zu kommen, sollten Sie ab einer bestimmten Stufe versuchen, dass Räderwerk ÜBER ihrem direkten Chef zu verstehen. Erst dann können Sie effektiv »Hintern retten«, was für Karrieren das Schnellste ist. Sie müssen verstehen, was der Chef Ihres Chefs, der Chefchef über den Chef denkt.

Gut ist auch die Strategie, sich mit den Sekretärinnen im Hauptquartier oder der Firmenzentrale gut zu stellen. Das ist nicht so einfach, weil die absolut nichts verraten dürfen. Die meisten Naiven baggern die Sekretärinnen an und erzählen etwas Vertrauliches über alle möglichen Leute in der Erwartung, dass die Sekretärin dann ihrerseits etwas Vertrauliches herauslässt. Das tut sie aber nur sehr selten. Meist erzählt sie das, was sie aus Ihnen herausbekam, ihrem Chef weiter. Wollen Sie das? Oder haben Sie es sogar beabsichtigt? Das alles kann man dumm oder schlau anstellen. Sehr gefährlich!

Am einfachsten ist es, sich wirklich mindestens jedes Jahr, am besten alle paar Monate eine neue Position im mittleren Management zu suchen.

Horchen Sie, wo es neue Aufgaben gibt, wo neue Bereiche aufgebaut werden sollen. Melden Sie sich immer freiwillig, völlig begeistert! Richtig schwer begeistert, damit Sie nicht in den Geruch kommen, den jetzigen Job nicht zu mögen. Nein, sagen Sie offen, Sie wollen den neuen Job, weil Sie dort besser Karriere zu machen glauben. Dann werden Sie schnell weggelobt und sammeln in vielen Bereichen des Unternehmens unbezahlbare Erfahrungen, die Sie in der Summe zum Executive prädestinieren. Stolpern Sie bitte nicht über das Problem, eventuell NICHT weggelobt zu werden, weil Sie als Mittelmanager für Ihren Executive zu den A-Mitarbeitern zählen. Sie sind dann so wertvoll, dass man Sie nicht weglässt und fenced. Deshalb dürfen Sie nicht echt gut als Mittelmanager sein. Sonst bleiben Sie dort kleben, wo Sie gut arbeiten.

Es ist wichtig, dass Sie den letzten Gedanken wirklich durch und durch verstehen. Sie haben wahrscheinlich schon andere Ratgeber gelesen. Die raten alle zu guter Arbeit. Um Himmels willen, da werden Sie gelobt und hofiert, aber nicht befördert! Sie dürfen nicht richtig gut arbeiten, nur gut für Ihre Karriere sorgen.

Hüten Sie sich vor diesem Rat:

1. Arbeiten Sie in Ihrem Job als Manager vorbildlich.
2. Seien Sie besser als Ihre Kollegen, dann werden Sie befördert.

Das ist langsam und lässt Sie unter Umständen ganz kleben bleiben, weil Sie unentbehrlich sind. So ist es einzig richtig:

1. Akzeptieren Sie in Ihrem eigentlichen Job mittelmäßige Ergebnisse. Das reicht. Mehr schaffen Sie mit den exzessiv simplen Direkt-Methoden dieses Abschnittes auch nicht.
2. Helfen Sie Ihrem Executive, Punkte beim Boss zu sammeln, indem Sie die ätzenden Anfragen täuschend gut beantworten, die nach Innovation, Image und so weiter fragen.
3. Lassen Sie ab und zu beim Boss Ihres Execs durchblicken, dass Sie dem Exec geholfen haben. Nicht oft, sonst wird der Exec sehr ungnädig mit Ihnen. Nur ab und zu, ganz unabsichtlich, wie tölpelhaft. Dann wird Ihr Exec Sie irgendwann loswerden wollen. Oder der Boss denkt, er kann Sie gebrauchen.

Und ich sage Ihnen das Folgende immer wieder, bis Sie es nicht mehr hören wollen:

⌐ **Nicht für den Arbeitserfolg, sondern für die Direkt-Karriere schuften wir!**

Non labori, sed ascensui facili vivimus. (Nicht die Arbeit, sondern der leichte Aufstieg ist das Ziel.)

Neurotic Leadership Programming: Beeindruckende Ordnung

Nutzen Sie die Urkräfte des Menschen, wie wir sie in Neurotikern beobachten. Die Tätigkeiten im mittleren Management zielen alle auf Stromlinienförmigkeit und Bürokratie. Es liegt deshalb nahe, sich die Triebkräfte des Zwangskranken anzuschauen und für die eigene Karriere als Treibkraft zu nutzen.

Zwangskranke putzen zum Beispiel und können es schaffen, ganze Großfamilien in den Dienst des Putzzwangs zu stellen. Alle hassen das, aber sie sind von der Ordnungsenergie eines einzigen Putzteufels so sehr überwältigt, dass sie wohl oder übel mitmachen. Alle fassen jedes einzelne Staubkorn an und tragen es aus dem Haus. Was für eine Kraft!

Bewundern Sie das nicht manchmal, wenn Sie solche Neurotiker zu Hause beobachten?

Was macht einen Neurotiker krank? Das ist einfach zu sagen: Er hat nichts davon. Der Putzteufel bekommt über die Sauberkeit so etwas wie innere Ruhe. Er besänftigt irgendwelche Urängste, indem er sich andauernd mit Kleinigkeiten beschäftigt, die außer temporärer Ruhe nichts bringen und andere Menschen unter Umständen schwer stören. Dadurch isoliert sich der Neurotiker mehr und mehr und wird zunehmend als krank angesehen, weil er stark von den Normen der Gesellschaft abweicht.

Als mittlerer Manager können Sie aber viel von Zwangskranken lernen, insbesondere über deren Technik, andere Menschen gegen ihren Willen in ihren Zwang einzubeziehen. Sie haben es als Manager viel leichter: Sie haben die Macht über Ihre Mitarbeiter und können sie im Extremfall feuern und damit ihre Existenz gefährden. Gerade in wirtschaftlich schlechten Zeiten sind Sie Herr über Leben und Tod – in gewisser Weise. Sie müssen also nicht erst durch neurotisches Benehmen die Herrschaft an sich reißen – die haben Sie ja schon. Sie programmieren sich nicht, um innere Ruhe in Ihrem inneren Vulkan der Ängste zu erzielen, sondern Sie tun es für Ihre Direkt-Karriere! Das ist eine ganz andere Ausgangslage. Sie ist viel günstiger!

Es gibt verschiedene Varianten von Zwängen:

1. Bürokratische Zwanghaftigkeit
2. Puritanische Zwanghaftigkeit
3. Sparsamkeit und Besitzanhäufung als Zwang
4. Zwanghafte Gewissenhaftigkeit

Diese Zwänge leben Sie exemplarisch vor und drücken Sie in Ihre Mitarbeiterschaft hinein, so wie der Putzteufel andere zur Sauberkeit erzieht, indem er vor den anderen bei jedem Staubkorn ausflippt. Achten Sie darauf, am besten alle vier genannten Zwänge bei sich selbst und in Ihrer Umgebung zu programmieren (Neurotic Leadership Programming!). Ich stelle Ihnen jetzt kurz die klinischen Krankheitsbilder dieser Zwanghaftigkeiten vor:

Bürokratischer Zwang: Klare Verantwortlichkeiten, Rollenbeschreibungen und Prozessvorschriften. Rigide Strukturen und durchgängige Organisation. Alles ist in Listen und Tabellen festgeschrieben und wie für die Ewigkeit gemacht. Pünktlichkeit und Zuverlässigkeit sind extrem wichtige Werte. Protestantische Arbeitsethik. Personen werden unaufhörlich kontrolliert, bewertet und gerankt. Ausführliche Bewertungs- und Messsysteme. Keine Ansehung der Person. Verleugnung aller Individualität. Jeder weiß, was von ihm erwartet wird. Warum das alles? Sicherheit! Darum die Sucht, auch alles Unwesentliche in Ordnung zu halten.

Puritanischer Zwang: Streng, herb, nüchtern und selbstgerecht. Absolut moralisch richtige Verhaltensweisen zu jeder Zeit an jedem Ort. Ressentiment, Groll und Ärger bei Übertritten anderer. Starke Überbewertung von Moral und Disziplin. Dauernde Ausstrahlung von Verbissenheit und tendenziell von Unliebenswürdigkeit. Unnachgiebig und harsch. Ständig flackernder Blick nach Fehlern und Unvollkommenheiten, die konfrontativ zur Sprache gebracht werden. Starke Beachtung von »Mein und Dein«, von Besitz, Tradition und Ritualen. Wie etwas richtig gemacht wird – das wird stets mit Stolz im engstmöglichen Sinne ausgelegt und vorgelebt. Warum das alles? Völliges Ausschließen jeder Kritik und Niederdrücken innerer Impulse irgendwelcher Freude oder Lust! Darum die Sucht, jede kleinste Übertretung zu bestrafen und jedes kleinste Verlangen zu unterdrücken.

Sparsamkeit und Besitzanhäufung: Sie befassen sich mit ihrem Besitz, zählen ihr Geld, führen sorgfältige Bestandslisten, kontrollieren ihre Bilanzen. Sie leben selbst karg, drehen jeden Cent um und glauben, jede kleine Ausgabe würde auf immer ihr Vermögen schmälern oder den Bestand gefährden. Sehr distanziert zu anderen Menschen. Immerwährende Verlustangst. Warum das alles? Angst, nichts zu haben und damit nichts zu sein! Darum die Sucht, jeden Cent einzusammeln und Kosten zu sparen.

Gewissenhaftigkeit: Anstreben absoluter Konformität, Unterordnung unter die Wünsche Ranghöherer. Bestreben, selbst überlegt und bedachtsam zu wirken. Ernst, hart arbeitend, peinlich genau, akribisch, sorgfältig und fleißig. Ausschluss jeglichen Risikos. Angst, nicht vorbereitet zu sein oder etwas nicht zu können. Alles muss auf Anhieb klappen. Absolutes Fehlen von »Gambling Spirit«, von allem spielerischen Ausprobieren. Versuch, immer gleichmütig, unaufgeregt und sozial akzeptabel zu wirken. Unveränderliches perfektes Benehmen. Keine Spontaneität, langes Überlegen bei Entscheidungen. Warum das alles? Niemals inadäquat sein. Darum die Sucht, in jedem Detail perfekt zu handeln.

Staunen Sie nicht ein bisschen, wenn ich hier veritable psychische Krankheitsbilder aufliste? Wir wünschen uns ja den Betriebsablauf im mittleren Management genau so! Wir wollen ja das Perfekte und Konforme, um gut zu managen. Aber wir wollen nur dieses Resultat! Wir wollen nicht durch innere Triebe dazu gepeitscht werden.

Neurotic Leadership Programming bedeutet hier, diese Triebe zu studieren und nutzbar zu machen. Die Zwangskranken handeln so, weil sie meist durch überkontrollierende Eltern zu völliger Konformität erzogen wurden. Die Eltern gingen hart mit den Kindern um und bestraften konsequent alle noch so kleinen Abweichungen. Dadurch schafften sie es, dass die Kinder die elterlichen Anschauungen vollkommen ins eigene Ich introjizierten. Machen Sie es mit Ihren Mitarbeitern so wie überstrenge Eltern.

Mittelmanager treiben Mitarbeiter in Zwangsneurosen.

So lautet das Erfolgsrezept. Versuchen Sie, alle Mitarbeiter in Ihrem Bereich tendenziell zu Zwangsneurotikern zu erziehen, indem Sie sie unerbittlich mit kleinen Abweichungen konfrontieren. Keine Angst, die Mitarbeiter werden davon nicht krank. Die werden ja nicht lange genug unter Ihnen leiden, denn Sie werden ja bald befördert! Sie müssen es nur schaffen, dass die Mitarbeiter auf jede Kleinigkeit selbst zu achten beginnen und selbst ein starkes Gewissen entwickeln. Sie selbst geben sich wie ein ernster, strenger Vater oder eine unerbittliche Mutter Ihren Kindern gegenüber.

Wenn Sie in einen Raum mit Ihren Mitarbeitern eintreten, muss sofort die Luft stehen bleiben. Alle warten auf den kurz schweifenden Kontrollblick, dann regnet es ein paar Vorwürfe von Ihnen. »Bild schief. Leere Flaschen von gestern. Sie sind zu stark geschminkt.«

In der unteren Stufe des Managements programmieren Sie die neurotischen Urkräfte des Typs A in sich selbst in Treibkräfte um. Während der Typ A eigentlich nach Anerkennung und Selbstwert strebt (wie alle Neurotiker), streben Sie damit nur nach der Karriere. In der mittleren Managementstufe treiben Sie die Mitarbeiter in eine effektive Zwanghaftigkeit. Sie sollen nicht selbst zwanghaft agieren, sondern alle anderen dazu bringen. Sie sind die Personifikation des gnadenlosen, rigiden Über-Ichs Ihrer Hauptabteilung, das sich in alle Gehirne aller Mitarbeiter graben soll. Die Techniken habe ich Ihnen hier schon dargestellt: Kontrollieren, Missbilligen, Bewerten, Kritisieren. Sie selbst sollten am besten alles perfekt vorleben. Das werden Sie für ein paar Jahre wohl hinbekommen.

Der Mittelmanager als Karrieredarsteller (»Herr Direktor«)

Und ich wiederhole: Sie dürfen nicht selbst neurotisch sein, aber sie müssen das Treibende des Neurotischen spielen, um schnell erfolgreich zu sein.

Wenn Sie das tun, dann sind Sie erfolgreich, aber es ist klar, dass Sie nicht gemocht werden. Sie sind ja das harsche Über-Ich der Hauptabteilung – so werden Sie wahrgenommen. In Wirklichkeit spielen Sie es nur. Sollten Ihre Mitarbeiter und unteren Manager das merken, werden Sie noch weniger gemocht, weil die in Ihnen wahrgenommene Absicht verstimmt. Das schlechte Spielen stoppt nicht wirklich Ihre Direkt-Karriere – keine Sorge. Sie werden von unten gesehen dann schon fast verachtet. Aber was soll's? Oder im Jargon:»who cares«? Sie werden den Weg nach oben machen. Es ist egal, was man unten von Ihnen denkt. Hauptsache, Sie drücken das Über-Ich in alle hinein. Das geht allerdings viel leichter, wenn Sie gut spielen.

Viele Mittelmanager bekommen jetzt irgendwann einen Direktor-Titel verliehen, das hilft als Pflaster. Ich habe in verschiedenen Unternehmen gehört, dass viele Mittelmanager schon lange vor ihrer eigentlichen Beförderung den Titel eines Direktors bekommen. Also erst den Titel und viel später erst das Geld dazu. Daran sehen Sie, wie sehr dieser Titel als seelisches Labsal aufgefasst wird. Das ist mir schon klar – weil Sie ja nicht gemocht werden. Nun gewinnen Sie wenigstens an formalem Respekt.

> **Der Direktor-Titel kennzeichnet den Übermenschen und ermöglicht ihm, im seelischen Gefühlshaushalt allein mit seiner Selbstliebe auskommen zu können – ohne auf andere Menschen angewiesen zu sein.**

Wenn Sie das Über-Ich spielen, müssen Sie eben mit der entsprechenden Wahrnehmung leben. Das muss ja nicht lange sein. Sie werden ja später weiter oben durch Narzissmus beeindrucken müssen, als Heilsbringer eines Unternehmens. Das ist auch seelisch wunderschön. Halten Sie sich das vor Augen, wenn Sie wieder und wieder einen Raum betreten und kritisieren, wenn Sie wieder und wieder nur einen Blick auf eine Tabelle werfen und Rot sehen, wo Grün steht. Haben Sie keine Angst, an diesem undankbaren Platz des mittleren Managements stehen zu bleiben. Das kommt vor, ja. Bei Direkt-Karrieristen aber selten.

Wenn Sie je in der Karriere stehen bleiben sollten, werden Sie eben netter und konzilianter. Dann mögen Sie die Leute, aber die Karriere ist wahrscheinlich definitiv zu Ende. Sie werden dann möglicherweise unentbehrlich und bleiben kleben. Das ist aber schon der schlimmste Fall. Ich meine, wenn man den Bösewicht spielen kann mit allen seelischen Belastungen, ist doch die Rolle des Good Guys viel einfacher.

Viel schwerer ist Ihre psychische Vorbereitung auf den Executive-Job. Das werden Sie im nächsten Kapitel verstehen. Ich will es hier nicht groß auswalzen. Executives müssen vor allem anderen Sichtbarkeit erzeugen. Das gilt für alle Karrieristen! Aber am stärksten für Bereichsleiter.

Eine Beispielrede für Mittelmanager

Mittlere Manager sind selten zu Reden verpflichtet. Das liegt natürlich auch an den Kosten, die besonders und gerade Sie scheuen. Es ist aus Arbeitsgründen zwingend nötig (wobei auch das neuerdings von mittleren Managern infrage gestellt wird), dass sich die Mitarbeiter einer Abteilung ab und zu sehen. Das Treffen aller Mitarbeiter einer Hauptabteilung, die typischerweise vier- bis fünfmal größer als eine einzelne Abteilung ist, wird sich naturgemäß mehr in eine Feierstunde hinein entwickeln.

Ein Hauptabteilungsmeeting kostet genauso viel wie fünf getrennte Abteilungsmeetings. Letztere sind viel leichter zu organisieren, nämlich von den unteren Managern. Ein Hauptabteilungsmeeting erfordert schon einigen Aufwand. Dafür gab es früher extra gute Leute, die man Betriebsnudeln nannte. Die sind aus Kostengründen abgeschafft worden, weil Betriebsnudeln Low Performer sind und in D gestuft werden. Menschen mit Sinn für das Ganze bringen zu wenig Umsatz, weil sie sich nicht gut auf ihre eigentliche Arbeit fokussieren können. Wenn man schon größere Meetings veranstaltet und dazu Hotelsäle mietet, dann ist es besser, gleich ein Bereichsmeeting in einer Stadthalle zu veranstalten. Dort hat sich dann bestimmt keiner mehr etwas zu sagen, außerdem geht jeder im Gewühl verloren. Der hauptsächliche Vorteil liegt darin, dass nun der Executive die Rede halten muss, und der spielt von seiner Rolle her äußerst gerne Theater und bekommt hier eine große Bühne. Das baut ihn auf.

Kurz: Hauptabteilungsleiter haben immer weniger zu sagen und halten weniger Reden als früher.

»Ich möchte Sie alle herzlich begrüßen. Besonders froh bin ich, dass unser Executive zugesagt hat, selbst und höchstpersönlich kurz hereinzuschauen. Das wissen wir alle hoch zu würdigen. Ich sehe es als eine Art Ehrenbezeugung für unsere Arbeit an. Wir hatten ein gutes Jahr, obwohl wir natürlich unsere hoch gesteckten Ziele verfehlt haben. Dazu muss ich später ein paar ernste Worte sagen. Vorher will ich aber noch die Agenda umbauen. Das haben wir heute Morgen schon mehrere Male getan, als es hieß, der Executive werde sich verspäten. Nun hat er noch einen Kundentermin wahrzunehmen. Trotzdem will er Ihnen ein paar Worte sagen. Wir haben ihn per Telefon zugeschaltet. Wo ist denn der Hörer? Hier, ja. Hallo?«

»Krack, knirsch, toll … weiter so … Funkloch … großartig … mehr … viel mehr knacks.«

»Schade, da ist jetzt viel Wertvolles untergegangen, aber Sie haben die Essenz ja gehört: Wir sollen besser werden. Das aber kann ich Ihnen selbst fast besser erklären. Ich will gar nicht lange reden und gleich das Wort an die Abteilungsmanager abgeben, die den Stand der einzelnen Projekte berichten werden. Ich habe selbst nur eine Tabelle vorbereitet, die in kondensierter Form darstellt, wo wir heute stehen. Eigentlich gut, aber wir haben nicht überall unsere Hausaufgaben gemacht und alle Potentiale ausgeschöpft. Bei aller Zufriedenheit über das, was wir unzweifelhaft erreicht haben, ist das tatsächliche Ergebnis ein Armutszeugnis, wenn ich es an den Erwartungen messe, die unser Unternehmen an uns hat. Ich will nicht diskutieren, ob diese Erwartungen zu hoch sind, wie oft gesagt wird. Ich möchte das auch hier im Auditorium nicht ausdiskutieren. Das hier ist ein formelles Meeting und kein Debattierklub. Wenn wir die Erwartungen nicht erfüllen, sollten wir erst vor unserer Türe kehren und uns fragen, warum wir ständig versagen. Ich habe da einige Quellen ausgemacht: Wir beachten die Regeln zu wenig. Die sind kompliziert – ja – aber sie sind dazu da, dass wir sie einhalten. Etliche Projekte sind in den Sand gesetzt worden. Das darf eigentlich theoretisch nicht sein, weil ich stets verlange, alle Risiken auszuschließen. Im Grunde kann es gar nicht vorkommen, dass ein Projekt nicht gut läuft. Sie haben mir das in jedem einzelnen Falle vorher unterschreiben müssen, meine Damen und Herren, dass unsere Projekte alle gut laufen und fast ohne die bewilligten Projektmittel auskommen. Halten Sie sich an die Regeln – und die besagen, dass wir immer Erfolg haben. Durch den Flurtratsch werden Sie mitbekommen haben, dass ich ohne Ansehen der Person Konsequenzen gezogen habe – ja ziehen musste, was manchmal doch nicht leichtfällt, weil wir zusammenarbeiten. Ich habe deshalb die Organisation straffen müssen. Die Ankündigung ist noch nicht raus. Ich verurteile die Spekulation im Vorfeld. Ich wurde sogar direkt in der Nähe des Kaffeeautomaten von einem Mitarbeiter dazu angesprochen. Bitte: Wenn Sie Fragen haben, leiten Sie diese an den Abteilungsleiter. Wenn er die nicht beantworten kann, kann er mich fragen.

Wenn sich die Zustände nicht bessern und Sie sich nicht an die Abläufe halten, werde ich den Kaffeeautomaten abschaffen. Da scheint mir alles brühwarm gehandelt zu werden. Wer geht und wer kommt, wird schon mit den Beteiligten selbst abgesprochen. Ich verstehe die Hysterie nicht. Spekulieren Sie nicht und warten Sie ab, ob Sie informiert werden.

So, wo war ich. Ach, die Projekte.

Die lasse ich nun von den Abteilungsleitern einzeln vortragen. Ich lasse hier die ganze Zeit meine Tabelle mit den Ampelfarben an der Wand projiziert, damit Sie stets den Überblick behalten. Wir gestalten dadurch die Kommunikation effektiver. Früher wurde immer noch mit bunten Bildchen jedes Projekt einzeln dargestellt. Dabei wurde mehr erzählt, wer was gemacht hat und wie gut. Das dauert sehr lange und außerdem weiß ja jeder Beteiligte, was er gemacht hat – und in den anderen Abteilungen interessiert das nicht die Bohne, seien wir da alle realistisch. Ich will hier also nur die nüchternen Zahlen sprechen lassen. Nicht die Arbeit ist wichtig, sondern das, was unter dem Strich steht. Wenn das viel ist, bin ich der Letzte, der das nicht anerkennt. Aber es geht nicht, lange über Projekte inhaltlich zu debattieren und dann noch Beifall zu klatschen, auch wenn sie die finanziellen Ziele nicht erreicht haben. Wir reden hier nicht über Schönheitspreise. Das ist die Kür. Zuallererst zählt die Pflicht, und das ist das Finanzielle. Wenn Sie dieses Wunder geschafft haben, können wir auch mal über Schönheit reden.

Wenn ein Projekt technisch glanzvoll gelöst wurde, frage ich mich – hätten wir es nicht billiger herstellen können, mit höherem Gewinn? Ich habe bei gut laufenden Projekten immer ein sehr schlechtes Gewissen. Sind wir dann wirklich an die Grenze gegangen und ein bisschen weiter? Ich überlasse es einmal Ihnen selbst, hier nachzudenken und besser zu werden.

Nun tragen der Reihe nach die Abteilungsleiter vor. Die mit den schlechteren Ergebnissen haben wir schon wegbefördert, sodass ich hier gleich schon deren Nachfolger vorstellen kann, auf die ich große Hoffnungen setze. Wir müssen uns dann hier auch keine Projektberichte in Form von Bußgängen anhören, weil die Neuen ganz unbelastet an die hinterlassenen Baustellen herangehen können. Die Schuldigen sind weg und genug belohnt. Wir beginnen wie immer mit den roten Projekten, die grünen können wir ja dann abhaken, da hat jemand ja seine Pflicht getan und das muss auch nicht ausdiskutiert werden. Ich bitte nun …«

Selbsttest: Sind Sie der Prozess-Manager?

Gehen Sie den folgenden Fragensatz durch:

1. Können Sie sich schwer eine Kritik verkneifen – wie andere einen Witz?
2. Sind Sie oft der Erste oder gar Einzige, der einen Fehler bemerkt?
3. Kennen Sie alle Ihre Pappenheimer?
4. Hören Sie nur noch selten von einem Trick im Management?
5. Haben Sie viele Listen und Tabellen um sich?
6. Lieben Sie es, mehrmals täglich den Stand der Dinge zu bilanzieren?
7. Delegieren Sie ungern Kontrollen?
8. Schreiten Sie stets ein, wenn etwas verschwendet wird?
9. Drehen Sie tropfende Hähne zu?
10. Haben Sie zwei Wecker?
11. Wird Ihnen Kleinkariertheit oder Enge vorgeworfen?
12. Erledigen Sie neben dem Groben auch stets alle Feinheiten?
13. Werden Sie unruhig, wenn Mitarbeiter auf dem Flur laut lachen?
14. Fühlen Sie sich kritisiert, wenn Sie am Morgen fröhlich begrüßt werden?
15. Haben Sie heute noch nicht genug getan?
16. Können Sie sich noch in Einzelheiten verbessern?
17. Bitten andere Sie, einmal fünfe gerade sein zu lassen?
18. Rät man Ihnen zu Entspannung?
19. Wirft man Ihnen vor, Kritik überzogen und zu schneidend vorzutragen?
20. Nehmen Sie gerne die karge, frugale Lösung?
21. Ziehen Sie den Nutzen dem Angenehmen vor?
22. Verurteilen Sie emotionales Benehmen?
23. Machen Sie sich oft Sorgen?
24. Grollen Sie anderen, besonders Näherstehenden?
25. Lieben Sie distanzierten, gepflegten Umgang per Sie?
26. Leitet Sie: »Erst die Arbeit, dann das Vergnügen?«
27. Waschen Sie nach dem Abendbesuch noch ab?
28. Lassen Sie lieber Zahlen sprechen?
29. Erziehen Sie konsequent?
30. Verurteilen Sie Unpünktliche ganz und gar schon allein deswegen?

31. Heißt die Eigenschaft, die Sie an anderen am meisten lieben, »Zuverlässigkeit«?
32. Grenzen Sie Ihr Leben auf den sozial weithin akzeptierten Bereich ein?
33. Vermeiden Sie, Gefühle auszudrücken, bis hin zum Anschein, keine zu haben?
34. Teilen Sie alles in Schubladen ein, jede eine Zeile in einer Tabelle?
35. Überlegen Sie genau, was Sie anziehen, und sind lieber etwas overdressed?
36. Ist Ihre Kleidung unauffällig, aber für den Kenner edel?

Im Grunde müssen Sie auch hier zu allem Ja sagen können – laut und unmissverständlich. Sie sorgen für Ordnung. Für die Direkt-Karriere müssen Sie allerdings den nächsten Selbsttest am Ende des nächsten Kapitels bestehen. Das ist Ihre nächste harte Aufgabe.

Fake & Cheat (Executive's Direct Primer)

Intermezzo – ein Wegweiser

Wenn Sie als bewährter Ordnungshüter nun Executive werden, ist es mit der Ordnung vorbei. Unwiderruflich!

Das mittlere Management hält das Unternehmen im Fluss. Das obere aber richtet es neu aus und reorganisiert es. In diesen schönen Amerikanismen, an die ich Sie schon das ganze Buch über behutsam gewöhne:

> **Middle Management: Run the Enterprise!**
> **Executive Management: Change the Enterprise!**

Damit ist schon das Themenfeld für dieses Kapitel scharf umrissen: Das Mittelmanagement will alles immer ganz genauso haben, wie es immer ist, immer war und immer bleiben wird. Das mittlere Management hat Angst vor Veränderungen: Never change a winning team!

Das obere Management aber muss die Zukunft planen und die Firma darauf einstellen. Es hat Angst vor Stillstand. Wer nicht verändert, wird sterben! Das sagt die Ideologie unserer Gegenwart, nämlich der Darwinismus. Natürlich muss man sich nicht nur irgendwie in einer beliebigen Weise verändern, sondern in einer günstigen Weise. Aber es scheint uns allen richtig, dass stirbt, wer sich nicht ändert. Deshalb erscheint es sinnvoll, auch ohne guten Plan zu verändern – es muss sein!

Die Wandel-Fanatiker räumen heute fast halbjährlich alles um und führen die Firmen mit sehr kurzfristigen Strategien, wogegen die Zwanghaften nur alles sehr langfristig anlegen wollen, damit sich eben nichts verändert. Peter Löscher, der Chef vom Siemens, hat sein Mittelmanagement im Jahre 2008 bald nach seinem Amtseintritt vor der Presse als Lehmschicht/Lähmschicht bezeichnet. Das taten schon viele vor ihm, nur nicht an so prominenter Stelle.

Die höheren Manager sehen, dass alle neuen Ideen und Initiativen im zwanghaften veränderungsfeindlichen mittleren Management versickern. Nichts kommt unten an! Das bringt sie zur Raserei. Alle diese Phänomene um diesen Wandel herum erkläre ich Ihnen in diesem Kapitel. Um schon vorzugreifen: Es ist Ihnen als dem Direkt-Karrieristen im höheren Management eigentlich ganz recht, wenn alles versickert. Echte Veränderung ist Knochenarbeit. Sie müssen den Wandel ja nur vortäuschen. Sie empören sich anschließend laut, dass nichts passiert und denken sich etwas Neues aus. Dies täuschen Sie wiederum vor. Diese Strategie ist ideal für die Direkt-Karriere der Executives!

Nur der Boss ganz oben will eventuell wirklich etwas verändern. Aber allein kann er das nicht. Seine schönen Visionen sollen umgesetzt werden! Aber das ist der Gegenstand des nächsten Kapitels über den Boss. Zuerst zu den Executives!

Aufgaben der Executives – in der Theorie

In einem großen Unternehmen sind die Executives für einzelne Funktionen zuständig. Je ein Vice President leitet eine Produktionsreihe, einer die Verwaltung der Unternehmensimmobilien, einer Forschung & Entwicklung, einer die Arbeitsplatzgestaltung, einer den Pensionsfonds, einer die Presseabteilung, einer den Kundendienst. Es sind sehr viele! Ich habe jetzt absichtlich ein paar Beispiele genannt, an die Sie nicht sofort denken. Sie kennen sicher eher die großen Bereiche wie Vertrieb oder Marketing. Diese Bereiche werden scherzhaft Fürstentümer genannt, im Amerikanischen sagt man Towers. Ich glaube, es kommt daher, dass die Executives immer die begehrten Eckzimmer in den Hochhäusern besetzen und sich dort mit ihren Assistenten verschanzen. Ich zum Beispiel durfte auch einmal ein Eckzimmer beziehen, musste aber feststellen, dass meine Bücherregale wegen der vielen Fenster nicht mitdurften, also habe ich mich sofort wieder in ein Niederprivilegimmer verzogen. Echte Executives haben im Büro in der Regel gar nichts, einige teure Bilder und irgendwo einen Knopf, der sie mit der Sekretärin verbindet, die die Außenwelt bildet oder die Schnittstelle dazu.

Die Executives haben drei wesentliche Aufgabenbereiche:

→ Sie leiten ihren Bereich.
→ Sie arbeiten mit anderen Bereichen so harmonisch zusammen, dass das Unternehmen als Ganzes gut funktioniert. Dazu stimmen sich die Bereiche ab. Sie vereinbaren, wer wie was im Zusammenspiel aller Bereiche erledigt.
→ Sie verändern das Unternehmen gemeinsam nach den Vorgaben des Bosses.

Bereichsleitung

Die Bereichsleitung (»Run«) wird meistens durch Reviews wahrgenommen. Im Grunde arbeiten die mittleren Manager ja gut genug und müssten eben nur durch ständige peinigende Überprüfungen von oben weiter auf Trab gehalten werden. Dieses unablässige Quälen und Stressmachen kennen Sie nun schon aus den unteren Stufen. Wenn Sie also als Executive neu sind, kennen und können Sie diesen Teil Ihres Tagesgeschäftes schon gut. Sonst wären Sie ja nicht befördert worden. Ich denke also, mit diesem Teil muss ich Sie hier im Buch nicht mehr bekannt machen, Sie würden sich wegen der Redundanz langweilen.

Integration der Bereiche

Die verschiedenen Bereiche eines Unternehmens müssen nahtlos zusammenarbeiten (»Seamless Enterprise«). Das ist der ganz große Traum eines Unternehmens. Er erfüllt sich nie, weil es zu viel Arbeit erfordert, also nicht auf dem Wege der Direkt-Karriere liegt.

Ich erkläre den Hintergrund des Integrationsproblems kurz anhand Ihrer letzten oder nächsten Ägyptenreise: Sie sehen sich 14 Tage alles in Ägypten an. Sie buchen pauschal im Reisebüro. Dann fahren Sie Bahn, fliegen nach Kairo, werden von Reiseveranstaltern empfangen und von einem Zubringer zum Hotel transferiert. Das Hotel bringt Sie unter, sie essen im Restaurant nebenan, eine Putzfirma pflegt das Zimmer, ein Reisebegleiter (freier Mitarbeiter, der für verschiedene Reiseveranstalter arbeitet) kommt im Bus einer Transportfirma, die im Auftrag des Reiseveranstalters fährt. Rundreise. Flug nach Luxor. Neues Hotel, Gepäckträger, anderer Reiseführer, Flug nach Abu Simbel, anderer Reiseführer. Nilschiff des Reiseveranstalters. Überall können Sonderbesuche von Museen gebucht werden. Transfer zu einer Woche Hotel und Strand. Mietauto, Ausflugsservice. Und so weiter. Wohl zwanzig bis dreißig Unternehmen oder Dienstleister bedienen Sie für eine einzige Ferienreise! Das funktioniert wie am Fließband! Toll!

Im Idealfall merken Sie das nicht. Dann wirkt alles wie aus einer Hand. Wehe aber, das klappt nicht! Wehe, am Flughafen ist kein Bus oder im Hotel kein Zimmer mehr frei! Wehe, ein Notreiseführer hat keine Ahnung und es ist auch kein Studienrat in der Reisegruppe, der nicht mehr auf Fehler achten muss, sondern selbst erklären darf! Dann ist die Freude dahin, weil die Abstimmung nicht stimmt.

Die allermeisten großen Unternehmen bekommen das intern nie und nimmer hin! Anstatt zusammenzuarbeiten streiten sie. »Der unfähige Vertrieb verkauft unser Zeug nicht!« – »Die dumme Produktion baut falsche Produkte, die aber nicht lieferbar sind.« – »Die Personaler stellen ein, obwohl es bergab geht.« – »Als Kunde sind Sie hier völlig verloren. Sie wissen nicht, wer zuständig ist. Ein Problem wird hin und her geschoben, der Kunde ist das Letzte, was interessiert.« – »Dieses Unternehmen ist innerlich zerfressen von Bereichsegoismen und Towerkämpfen. Alle sind sich spinnefeind. Hier gedeiht nichts. Jeder ist nur auf seine Karriere aus.«

Wie schafft man es aber, das Zusammenarbeiten? Das erklären viele, viele Ratgeber. Seit einigen Jahren gibt es wunderschöne, erhebend ästhetische Bücher von Dirigenten, die erklären, wie Orchester zusammenspielen, obwohl jeder im Orchester die erste Geige spielen will. Der Dirigent integriert diese widerstrebenden Kräfte zu einer Sinfonie (lat. sinfonia = Zusammenklingen). Diese wundervollen Bücher appellieren an Executives, ein Unternehmen wie ein Orchester zu sehen. Die notwendige Arbeit wird »orchestriert« (das ist ein Modewort im Management der letzten Jahre). Das Bild des Orchesters illustriert die Idee der Integration sehr schön. Es eignet sich gut für halbtägige anrührende Managementkurse und ernährt die Management-Coaching-Zunft wieder einmal einige Zeit. Am besten wird noch ein Dirigent zum Lehrgang dazugeholt! Mit Dirigenten lassen sich ja fabelhafte Events stylen – ein bisschen Rede, etwas Entertainment, Musikprobenstreusel eines orchestrierten Teams dazwischen, ein Witzchen, ein bisschen Hintergrundstreit, bei dem zwei Geigerinnen mit ihren Bögen um die Vorherrschaft fechten. Diese ganze Sichtweise ergibt also schöne Hochglanzansprachen, die alle Sinne ansprechen.

In Wirklichkeit aber geht es nur um Karriere, um Ihre! Und Sie werden nur dann befördert, wenn Sie eine wichtige Passage in der Sinfonie spielen, am besten – ja – die erste Geige. Die Direkt-Karrieristen rangeln sich also um die besten Instrumente und die Gruppenleitung in einer Instrumentengruppe. Direkt-Karrieristen wollen Soli spielen und die volle Aufmerksamkeit der Zuhörer haben! Am liebsten möchten sie nur Stücke spielen, die sie selbst auswählen oder bestimmen. Und am allerbesten wäre es, die Stücke würden eigens für sie komponiert.

Das Bild des harmonischen Orchesters ist also das ideale Bild aus der Sicht des Dirigenten, aus der Sicht der einfachen Musiker und es ist das ideale Bild vom ersten Rang und aus den Logen heraus gesehen. Für dieses Idealbild muss eine wichtige Voraussetzung gegeben sein: Jeder im Orchester muss mit Begeisterung akzeptieren, dass es hauptsächlich um betörende und erfüllende Musik geht, nicht aber um Musikerkarrieren und Solistendominanz.

In diesen Büchern oder »Ratgebern« wird also das Karrieremoment, welches die wichtigste treibende Kraft im Management darstellt, völlig hinter die Bühne verbannt. Sie vereinfachen gnadenlos die Realität und wollen immer nur die allgemeine Welt verbessern – auf Kosten aller Direkt-Karrieren. Werfen Sie diese Bücher weg!

Vergessen sie alle harmoniesüchtigen Karriere-Ratgeber.

Nachdem Deutschland so begeistert die Fußballweltmeisterschaft ausgerichtet hat, nachdem sich die Deutschen wie Weltmeister und Europameister mindestens der Herzen fühlen, ist das ganze Ratgeber-Business sofort auf Fußball umgeschwenkt. Man hat den Dirigentenstab sofort fallen lassen und erläutert das nahtlose Zusammenspiel nun am Beispiel des Kickens. »Gut aufgestellt« muss die Mannschaft sein und total harmonieren. Kein Spieler darf an seine Karriere denken, nur die Mannschaft steht im Zentrum der gemeinsamen Gedanken an die lukrativen Werbeverträge! Der Trick des Ratgeber-Business ist immer, irgendwo ein einsames Beispiel zu suchen, wo zufällig einmal etwas geklappt hat – natürlich wegen der Harmonie. Dieses Beispiel und die darum rankende Begeisterung schlachten sie sofort in Horden aus, bieten neues Harmonie-Coaching an und schreiben flammende Bücher darüber, die gemeinsam in die Bestsellerlisten hochgeredet werden.

Bei der Direkt-Karriere geht es aber darum, nicht nur zufällig einmal befördert zu werden, wenn einer dieser seltenen Harmoniemomente eintritt! Nein! Ich denke doch, Sie wollen auf jeden Fall befördert werden, egal, welche Stimmung herrscht, und egal, welche Kollegen Sie neben sich aushalten müssen, ob harmonische oder nicht.

Es geht nicht an, seltene Glücksszenarien im Management als allgemeines Rezept zu verherrlichen, sondern Sie brauchen etwas, was immer geht. Immer! Und das ist die Direkt-Karriere.

Meiden Sie jeden Gedanken an echte Harmonie. Fordern Sie die Harmonie von den anderen! Sie selbst sollten nur ergriffen darüber reden und anderen für geleistete Harmonie bewegt danken.

Der Direkt-Karrierist wird sich selbst in den Vordergrund spielen und am besten nur befördert werden, während andere die Arbeit für ihn machen. Bekanntlich gilt:

TEAM = Toll, Ein Anderer Macht's.

Es ist ganz klar, wie das im unteren Management und im mittleren Management aussieht: Der Mitarbeiter macht's. Sonst müssten wir am Manager zweifeln, der wohl nicht richtig delegieren kann. Der Executive als Bereichsleiter lässt ebenfalls seinen Apparat unter sich alles abarbeiten. Aber die Integration ist ja eine Sache zwischen den Bereichen. Sie müssen also als Executive Ihre Kollegen in Ihren Dienst stellen. Die sollen Ihre Arbeit machen! Das werden Sie dann Integration nennen. Hoffentlich waren Sie früher einige Zeit normaler Mitarbeiter. Damals arbeiteten Sie in Teams. Sie sollten schon damals die Arbeit an andere abgeschoben und immer nur die Präsentation über die Erfolge selbst übernommen haben.

Fordern Sie im Namen der Integration aller Bereiche, dass die anderen Bereiche Hand in Hand mit Ihnen im Team Ihrem eigenen Bereich möglichst viel zuarbeiten.

Ständige Neuausrichtung für die Zukunft

Ihr Bereich muss zukunftsfähig bleiben und sich daher ständig den Marktbedingungen und den technologischen Herausforderungen anpassen.

Diese dritte Aufgabe des Executives bezeichnet man als »Change«. Das sogenannte Change-Management gehört zu den vornehmsten und schwierigsten Aufgaben des Managements, wenn es wirksam und zielführend sein soll.

Es ist für einen individuellen Executive sehr schwer, etwas in seinem Bereich wirklich nachhaltig zu verändern, ohne die anderen Bereiche dabei zu berühren. Mit diesen muss eine Veränderung immer wieder besprochen und einvernehmlich abgestimmt werden. Es muss eine Harmonie zwischen den Bereichen herrschen.

Beispiele:

→ Ganz neue Produkte sind nötig, aber sie »kannibalisieren« ganz oft die existierende Produktlinie. Die Kunden kaufen die alten Produkte nicht mehr, die dann im Lager verderben oder mindestens hoffnungslos veralten. Der Vertrieb muss die neuen Produkte leider erst kennenlernen. Er verkauft deshalb viel lieber Bewährtes. Bei neuen Produkten haben Kunden oft mehr Sachverstand als der Vertrieb, weil sie nach Neuem lechzen und sich gut informieren. Auch das mag der Vertrieb nicht.

→ Neue Einkaufsprozeduren sparen viel Geld, aber fast alle Mitarbeiter müssen daran gewöhnt werden. Sie müssen neue Fragen beantworten und alles neu lernen. Oft sind die bestellbaren Produkte aus Einspargründen auch nicht mehr so luxuriös wie früher. Für den Verstand zum Beispiel reicht einlagiges Papier, aber man muss es erst gefühlsmäßig verarbeiten.

→ Neue Beförderungsregeln lösen in der Regel helle Empörung bei allen denjenigen Mitarbeitern und Managern aus, die sich auf der Verliererseite vermuten. Das sind die meisten, deshalb wird ja die Maßnahme ergriffen! Die neuen Regeln ersparen viel Geld, sorgen aber für immensen Missmut.

Heute bedeutet Wandel nicht mehr einfach Fortschritt und Zukunft, sondern gleichzeitig auch Sparen und Rationalisieren. Früher verteilte man den Kuchen. Um den Anteil der Einzelnen wurde gestritten. Verteilungskämpfe flammten auf. Im Prinzip war es aber früher möglich, sogenannte Win-win-Situationen zu schaffen, bei denen einige mehr, andere weniger gewannen, aber immerhin so etwa alle gewannen. Einige lachten dann über fette Beute, andere lächelten nur matt, weil sie nur wenig vom Kuchen abbekamen.

Heute ist es schon gut, wenn überhaupt jemand nach irgendwelchen Veränderungen besser steht als vorher. Das Einsparen führt fast durchweg zu Lose-lose-Situationen. Die beteiligten Parteien müssen streiten, wer viel und wer nur wenig verliert. Das ist ein viel bitterer Prozess als früher in den Zeiten der Prosperität. Die Kunden bekommen schlechtere Qualität und lausigeren Service, die Beratung ist nur noch aggressives Aufschwatzen unklar teurer Produkte. (»Ein Luxusauto für 9,99 Euro für die ersten vier Monate, dann entstehen allerdings noch gewisse Folgekosten.«) Die Mitarbeiter müssen seit langer Zeit Reallohneinbußen hinnehmen. Selbst die Shareholder bluten mit Verlusten durch das Platzen der Dot.com-Blase und der Immobilienspekulation in den USA. Die Mitarbeiter müssen auf der einen Seite Einbußen hinnehmen und dann als Steuerzahler den Spekulanten die faulen Immoblienkredite abkaufen. Die Spekulanten dürfen nicht Pleite gehen, weil ohne Spekulanten die Märkte ineffizient sind und die Wirtschaft nicht funktioniert. Deshalb muss das Volk dafür Sorge tragen, dass die Spekulanten immer gewinnen.

Wer gewinnt noch? Die Managergehälter sind in den Himmel geschossen! Alle setzen auf neue Hoffnungsträger, die am besten gleich wieder die nächste Hype-Blase anzetteln sollen! Auf der Neuausrichtung für die Zukunft ruhen die Hoffnungen aller. Die Shareholder spekulieren auf neue Hoffnungswerte, die Mitarbeiter hoffen auf Wunder, die Kunden wünschen sich tolle neue Produkte. Wer diese Hoffnung nährt, ist der Winner!

Das sind Sie! Sie machen Direkt-Karriere, indem Sie Hoffnungen erzeugen. Das Problem ist eigentlich nur dieses: Wo nehmen Sie die Hoffnung her, wo doch alle in einer Lose-lose-Todesspirale abwärtstrudeln? Am besten ist es, Sie betonen die Notwendigkeit harter Schnitte, sie greifen zu Sanierung und »kreativer Zerstörung«. Für die Zeit danach versprechen Sie einfach den Himmel.

Wandel bedeutet Neues zugunsten des Alten. Der Direkt-Karrierist zerstört lässig routiniert das Alte und verspricht das Neue in so großartigen Dimensionen, dass es am besten auf den Trümmern von selbst entsteht. Als Executive sorgt er dafür, dass die Trümmer der kreativen Zerstörung vor allem in anderen Bereichen entstehen. Der eigene Bereich muss erhalten werden. Wer einen Bereich leitet, der bleibt, zeigt damit klar, dass er befördert werden muss.

Das höhere Management ist die verändernde Kraft

Verändern ist nicht so leicht, wenn man es ernsthaft betrachtet. Da artet Verändern schnell in schwere Arbeit aus. Das ist nicht im Sinne der Direkt-Karriere. Für »Change« müssen Sie ja erst eine sinnvolle Richtung beschließen: Wo wollen Sie hin? Was ist Ihr Ziel? Wenn Sie das Ziel festgelegt haben, kennen Sie Ihren Soll-Zustand. Dann sehen Sie sich um: Wo stehen Sie gerade? Das ist Ihr Ist-Zustand. Nun vergleichen Sie den Soll-Zustand mit dem Ist-Zustand, also Ihren jetzigen Standort mit dem Ziel. Dazwischen liegt eine ganz gehörige Entfernung! Man sagt im Management nicht Entfernung, sondern man nennt das, was zwischen der herben Realität jetzt und einem geträumten Idealzustand (»Ziel«) liegt, etwas ernüchtert »Lücke«. Lücke klingt eigentlich doch etwas vorwurfsvoll, deshalb benutzt man das amerikanische Wort Gap. »Da ist ein Gap!« Danach gehen Sie daran, die Lücke zu schließen. Das ist die eigentliche Arbeit, die es natürlich zu vermeiden gilt.

Theoretisch gesehen aber sind Sie für den ständigen Wandel Ihres Bereiches zum Besseren und Zukunftsfähigen zuständig. Sie arbeiten unermüdlich Vorschläge aus und fordern immerfort Leistungssteigerungen. Es gibt dabei zwei wesentlich verschiedene Arten von Veränderungen:

→ Veränderungen, die ausschließlich im eigenen Machtbereich vollzogen werden können.

→ Veränderungen, die ohne die Mithilfe anderer Bereiche nicht denkbar sind.

Für die Ersteren sind Sie selbst unmittelbar verantwortlich. Für diese werden Sie auch verantwortlich gemacht! Das ist ein kitzliger Punkt für den Direkt-Karrieristen, aber ich werde Ihnen gleich zeigen, wie Sie diese Herausforderung konkret ohne viel Mühe bestehen können. Stellen Sie sich Ihren Bereich einfach als Schüler vor, der – sagen wir – die Note Drei minus oder Vier hat. Was sollen Sie da verändern? Sie müssen den Schüler natürlich auf Zwei plus bringen. Klar?

Das ist eine echte Aufgabe, wenn Sie sie ernst nehmen. Sie lohnt sich auch, keine Frage. Schüler mit Zwei plus sind in gewisser Weise ökonomisch optimal. Sie erledigen alles von selbst, sie sind zügig, zuverlässig und werden gern gemocht. Sie sind meist zeit- und resssourceneffizient. Einserschüler dagegen sind sehr oft nicht effizient, sondern perfektionistisch. Sie neigen auch dazu, die Chefs, Kunden und Kollegen zu erziehen. (»Leben auch Sie, wie ich vorschreibe, dann werden Sie ebenfalls so toll wie ich.«) Das ist grässlich. (Ich selbst fürchte mich immer vor den schwarz gekleideten Hoteldienern, die sehr feierlich sind oder tun und ganz bestimmt auch alle adlig sein müssen – die zwingen mich als Gast unentwegt, mich besser zu benehmen, als ich will oder sogar kann.)

Ein richtig guter Executive bringt also seinen Bereich auf Zwei plus. Dann läuft alles wie von selbst und ist effizient. Sie müssen dazu als Executive eine Änderung im Bewusstsein Ihres Bereiches herbeiführen, sodass die normal schlechten Mitarbeiter und Manager schlicht gut werden. Das ist viel wichtiger, als Ihren Bereich für die Zukunft zu rüsten. Schlechte Mitarbeiter bringen sowieso niemals erstklassig die Zukunft. Nie! Und gute Mitarbeiter erledigen die notwendigen Veränderungen für die Zukunft auch ganz ohne Sie. Das Kernproblem jeder wirklichen Veränderung ist es also, Ihren Bereich hochprofessionell arbeiten zu lassen. Für die Direkt-Karriere ist dies kein gutes Ziel. Es dauert zu lange. Was aber stattdessen tun? Sie sollen – so erkläre ich gleich – die »Gap« zwischen Vier und Zwei plus nicht wirklich beseitigen, aber viel darüber reden und Arbeitsgruppen aufsetzen, die sich mit Vorschlägen zur Beseitigung beschäftigen, aber nicht mit der Beseitigung selbst. Das dauert so lange, dass Sie schon längst einen anderen Job haben, wenn die faktische Untätigkeit jemanden nervt.

Die größeren Veränderungen in Ihrem Bereich betreffen immer auch die anderen Bereiche.

Ein Beispiel: Sie leiten als Executive den Marketingbereich eines größeren Unternehmens. Sie müssen lange vor einer neuen Produkteinführung für die Kunden und die Messen Prospekte drucken lassen, in denen diese Produkte beschrieben und über jeden Klee gelobt werden. Die Produktion schickt Ihnen die technischen Daten des Produktes und den kalkulierten Verkaufspreis für Kunden.

Leider aber verzögert sich plötzlich der letzte Werkstest des neuen Produktes. Es werden Fehler im Produkt gefunden. Man ist noch dabei, das Produkt mit heißer Nadel möglichst schnell doch zusammenzustricken. Dadurch verändert sich das Lieferdatum um Wochen und leider auch zeitlich hinter die große wichtige Verkaufsmesse! Außerdem werden die technischen Daten geändert und der Preis wird nach oben angepasst. Da können Sie die ganze Messe vergessen und die Prospekte wegwerfen! Sie können aber nicht einfach neue Prospekte drucken, weil Sie vom Boss oder von der Finanzabteilung natürlich nur das Geld für einmaliges Drucken bekommen haben. Ihre Marketingabteilung muss das neue Produkt auf der Messe nun vage beschreiben und kann noch keinen endgültigen Preis nennen. Das schreckt die Kunden ab. (»Ist noch nicht ausgereift. Zu viele Versprechungen, kaum konkrete Informationen. Wir zögern noch mit allen Kaufentscheidungen. Jetzt nicht.«) Der Vertrieb brüllt Sie jetzt an und will von Ihnen Listen von Kunden bekommen, die bei der Messe großes Interesse für das neue Produkt gezeigt haben. Diese Kunden sollen jetzt SOFORT vom Vertrieb besucht werden. Das geht nun nicht. Die Kunden warten aber ab und wollen noch nicht besucht werden. Da schäumen die Verkäufer wütend auf, denn sie schaffen jetzt ihre überharten Umsatzvorgaben nicht mehr. Sie hatten mit den Verkäufen schon fest gerechnet.

Alle rufen: »Wir müssen etwas verändern!« Im Grunde aber muss man meistens nur gut arbeiten und gut zusammenarbeiten, klar. In diesem Fall werden alle Executives genüsslich die Schuld für alles in die Entwicklungsabteilung der Produktion schicken und einschneidende Veränderungen verlangen, dass »so etwas nie wieder vorkommt«. Alle fallen über die Produktentwickler her und erklären dem Boss, dass sie ihre vorher schon unerfüllbar hohen Ziele leider nicht schaffen können – aber nur wegen der Schlamperei in der Produktion. An ihnen lag es nicht.

Der Boss schimpft mit der Produktion. Die schreit schrill auf und schlägt fast um sich: »Wir haben hundert Mal zu Protokoll gegeben, dass die Entwicklung eines Qualitätsproduktes noch ein Jahr dauert. Ihr habt uns zu irren Überstunden gezwungen, um es doch zu versuchen. Wir haben deshalb kaum getestet, weil ihr uns gezwungen habt, das wegen der Eile zu lassen. Ihr habt uns gezwungen, den Halbmist schon zu bauen zu beginnen. Es ging nicht, weil wir unerfüllbar hohe Ziele hatten. Wir haben uns zuschanden gearbeitet – noch für eure dumme Wundergläubigkeit – und nun sollen wir die Schuld tragen?«

> Es ist ein ungeschriebenes Gesetz im Management, dass immer derjenige die Schuld tragen muss, bei dem das Problem zuerst »hochpoppt«, also oberhalb des Teppichs sichtbar wird.

(Wenn Eltern Drogen nehmen, ihr Kind kräftig prügeln, entwürdigen und ihm nichts zu essen geben, ist ja an dem dünnen, blassen Kind noch nichts sichtbar. Erst wenn das Kind in der Schule schlechte Noten hat, bekommt es selbst die Schuld dafür.)

Es gibt eine demütige Hoffnungshaltung im Volk, dass Unglücke woanders geschehen sollten, wenn es denn schon nötig sein sollte. »Oh Florian, oh Florian, verschon' mein Haus, zünd' andre an!« Executives, die eine Direkt-Karriere anstreben, zünden natürlich aktiv woanders an: Sie identifizieren Schwachpunkte in anderen Bereichen und fordern, dort eine Veränderung herbeizuführen. »Ihr seid schuld, dass wir hier nicht gut arbeiten können!«

An Symptomen herumkurieren – think global, act local

Wie aber arbeitet man scheinbar für das Bessere und Zukünftige, ohne wirklich hart rangehen zu müssen? Die klare Antwort:

Gute Executives verbessern die Bereichskultur von Grund auf, Direkt-Karrieristen kurieren Symptome.

Bitte erschrecken Sie nicht über diese Weisheit. Versuchen Sie nicht, es sofort zu verstehen. Bevor Sie das gut können, müssen Sie sich unbedingt umschauen: Warum wurden alle diese Executive-Kollegen denn befördert? Die Antwort ist – wenn Sie sich trauen, ehrlich zu sein: Diese Kollegen haben meistens irgendein toll aussehendes Programm aufgesetzt oder einen neuen Prozess definiert, der ein bestimmtes störendes Symptom beseitigt hat, aber sonst nichts. Nach einiger Zeit ist das Symptom sogar wieder neu aufgetreten, aber da arbeitete der Kollege schon als General Manager an einem neuen umfassenden Geschäftsprozess, um von ihm angeprangerte Missstände zu beseitigen. Sehen Sie? Diese Leute werden zügig befördert, weil sie sich energisch und leidenschaftlich um etwas kümmern, was immer das ist. Noch einmal: In Ihrer Laufbahn bis oben hin müssen Sie nicht unbedingt etwas leisten. Sie müssen aber für die nächsthöhere Stufe »Potential zeigen«. Sie sind es, der immer größere Bereiche in Bewegung setzen kann? Wozu die Bewegung war und ob sie zu etwas Effektivem führte, ist ganz zweitrangig. Das gilt auch für die Politik! Viele Politiker zeichnen sich nur dadurch aus, immer neue unrealisierbare Forderungen an die Gegenpartei zu stellen, die dann für ein paar Tage mit den reflexhaften Gegenargumenten die Gazetten füllen. Sonst tun sie nichts. Aber sie werden vom Volk gewählt, weil »sie aus dem Herzen keine Mördergrube machen«. Und sie bekommen Posten und Pfründe, weil sie der Partei Aufmerksamkeit bringen.

Alles klar? Wie aber doktert man an Symptomen? Ich zeige es Ihnen an einem einzigen Beispiel, das Sie ganz universell anwenden können. Es klappt überall analog. Es zeigt einen Grundsatz schlechter Erziehung, die aber in dieser Form akzeptiert und sogar gutgeheißen wird. Wer also in dieser Form verfährt, arbeitet nach Ansicht der Masse der Menschen normal. Der Trick des Direkt-Karrieristen ist es nun, diese Art schlechter, aber leicht durchführbarer Erziehung zum Paradigma effektiven Managements zu erheben und daraus eigenen Nutzen zu ziehen.

Schauen Sie sich bitte die folgende Grafik an:

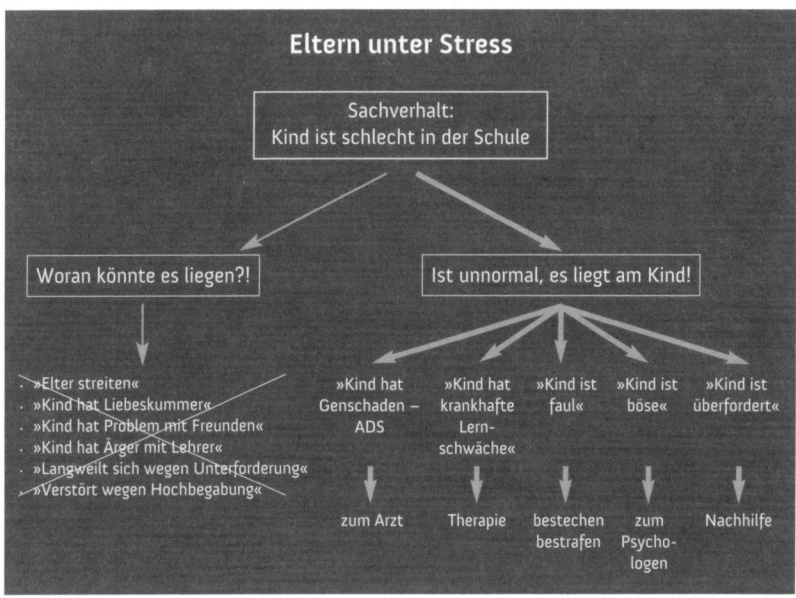

Es geht um ein schlechtes Schulkind. Lassen Sie uns das zuerst betrachten, wir kommen gleich zu Ihrem schlechten Bereich, den Sie erfolgreich führen sollen.

Fragen Sie einmal einen Bekannten, warum er einst schlecht in der Schule war! (Fragen Sie bitte kein Kind, das weiß es ja selbst nicht so genau. Fragen Sie später, wenn es die Antwort kennt.) Ihr Bekannter oder Ihre Bekannte wird seufzen. Eine Scheidung lag in der Luft, die Eltern wiesen ihn ab, er hasste sich selbst, er floh in Rauchen, Trinken oder Magersucht, zog sich Geringschätzigkeit vonseiten der Lehrer zu, merkte irgendwie anders zu sein und litt unsäglich. Für sehr viele aktive Kinder ist die Schule ein Gefängnis, für Hochbegabte ist sie ein Irrenhaus. Gegen beide Auffassungen reagiert die Schule mit höchster Aggression.

Was aber tun normale Eltern, auch die, die eine baldige Scheidung ahnen? Sie sehen die Schuld beim Kind. Dort poppt ja die Misere zuerst hoch. Die Eltern kehren seit Jahren alle Probleme unter den Teppich – und dann kommen die schlechten Noten, die nicht wegzulügen sind.

In Familien und Unternehmen tauchen die Probleme meist an der schwächsten Stelle als Symptom auf. Beim Kind oder beim Mitarbeiter. Dort wird die Schuld lokalisiert. Dort wird nach Abhilfe gesucht. In diesem Sinne folgt als gut empfundenes Management genau den Prinzipien schlechter Erziehung.

Was kann das Kind »haben«? Es ist üblich, diese Möglichkeiten zu sehen: Das Kind ist krank, verrückt, unfähig oder böse. Deshalb muss es zum Arzt, zum Therapeuten/Psychologen, zur Nachhilfe oder zur Polizei. Man schimpft mit ihm und versucht es mit Belohnungen wieder einzukerkern.

Bitte sehen Sie sich diesen Fall nochmals auf Effizienz an: Die Eltern und Lehrer lokalisieren »die Schuld« beim schwächsten, machtlosesten Punkt und geben dann das Problem an Arzt, Nachhilfelehrer oder gar die Polizei ab. Verstehen Sie jetzt das Geniale daran? Auch unfähige Eltern und unfähige Lehrer haben höchstens Kummer mit dem Kind, aber überhaupt keine ARBEIT! Die machen andere »Bereiche«. Das Verhalten des Kindes ist das Symptom, das muss weg.

So, das zur Einführung. Angenommen, ein Unternehmen läuft schlecht. Dann kann das Tausend Gründe haben. Es könnte unterfinanziert sein, schlecht gemanagt, keine guten Produkte haben, lausigen Service leisten oder die Wirtschaftslage ist schlicht mies. Wo aber poppt das Problem hervor? Klar doch! »Die Kunden kaufen nicht genug.« In der Fachsprache:

Der Auftragseingang ist schlecht. Im Jargon sagt man auch denglisch »zu wenig Signings«.

Schauen Sie sich das auf der nächsten Grafik an:

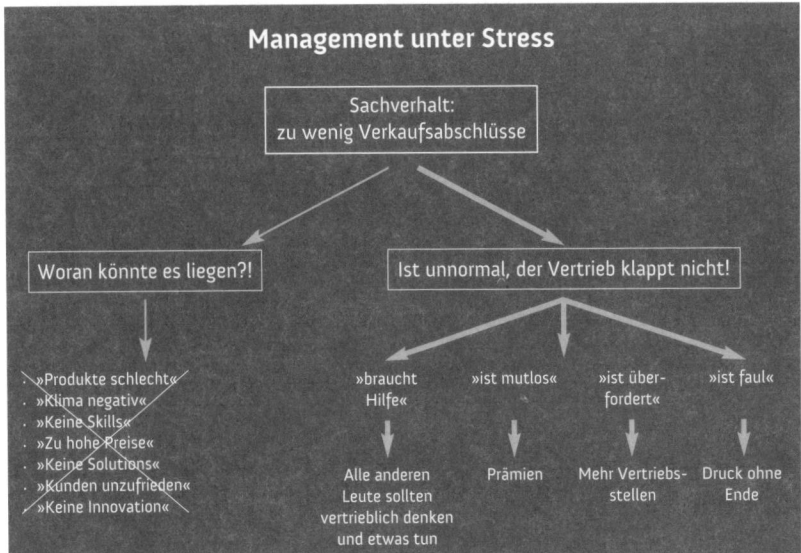

Wo ist also das Problem? Bei den Verkäufern oder den sogenannten Vertriebsbeauftragten! Was könnte der Grund sein? Die Verkäufer sind faul, unfähig oder überfordert. Sie bekommen gegen Faulheit Druck und »Prügel«, man versucht, sie durch Drohungen und Belohnungen gefügig zu machen. Sie bekommen Lehrgänge gegen Unfähigkeit, sie müssen also Prospekte auswendig lernen. »Verrückt oder krank« wie ein Kind sind Verkäufer natürlich nicht! Das wird anders ausgedrückt: Sie haben Schwächen in der Persönlichkeitsstruktur, ihnen fehlt die emotionale Intelligenz und sie sind krankhaft geldgierig wie das einstige Kind. (Geldgier ist gut, weil man solche Leute fast so gut wie Laborratten durch Incentive-Systeme steuern kann, aber zu viel Gier ist zu teuer! Incentive- oder Belohnungssysteme steuern bitte nur das Verhalten, wollen aber nicht wirklich Geld herausrücken! Außer für das Topmanagement, wohin Sie ja wollen.)

Fragen Sie jetzt einmal einen Verkäufer, warum er so wenig verkauft! »Wir haben zu hohe Preise und zu schlechte Produkte. Wir liefern immer verspätet. Es gibt viele Reklamationen. Obwohl wir für das Produkt nichts können, werden immer nur wir zum Entschuldigen zum Kunden geschickt, weil wir den Kunden angeblich kennen. Dazu haben wir aber keine Zeit, weil wir zu viele Kunden betreuen. Das wechselt auch alle Tage. Prospekte sind veraltet und unklar. Die Preisliste ist nicht logisch. Geforderte Rabatte darf ich nicht geben, obwohl das unsere Wettbewerber tun. Jeden Abend prügeln sie auf mich ein, weil ich keine Aufträge mitbringe. Wenn es doch passiert, können sie nicht liefern. Ich werde hier verrückt und bin es wahrscheinlich schon.«

Hoffentlich krausen Sie jetzt nicht die Stirn. Das musste sein! Ich musste kurz ein Kind und einen Mitarbeiter zu Wort kommen lassen. Das tun Sie als Executive natürlich nicht. Sie müssen professionell wie ein Chirurg sein. »Ich lasse das nicht seelisch an mich herankommen, sonst leide ich mit und kann meine Karriere nicht so gut weiterverfolgen.« Was tun Sie also als Executive, der den Vertrieb einer Firma leitet?

Act local:

→ Gehaltssenkungen androhen und mit Belohnungen winken
→ Mitarbeiter nach Feierabend zu Online-Kursen über Produkte zwingen
→ Mitarbeiter zu halbtägigen Psycho-Veranstaltungen schicken, die in der kurzen Zeit nur Katastrophenszenarien aufstellen können, wie schlecht alles werden wird, wenn der Mitarbeiter weiter eine so miese Persönlichkeit ist. »Sie müssen dem Kunden zuhören und tun, was Ihr Chef Ihnen sagt.«
→ Mitarbeiter in Kinosäle füllen und durch einen Motivationstrainer aufpeitschen lassen. »Es geht! Wir können alles, wenn wir nur wollen! Der Erfolg ist unvermeidlich, wenn wir täglich begeistert sind! Lächeln Sie!«

Das ist wieder überraschend wenig Arbeit, sehen Sie?

Think global:

→ Bieten Sie den anderen Executives an, die von Ihrem Bereich gewonnenen Erfahrungen bei den Kunden zu kommunizieren, damit die Produkte und Services besser werden – das geschieht dann zum Wohle aller!
→ Fordern Sie mehr Personal für Ihren Bereich an. Das löst das Problem im Ganzen! Jeder Bereich soll Ihnen dafür Sondergelder zur Verfügung stellen.
→ Fordern Sie eine gesamtbetriebliche aggressive Vertriebsanstrengung. Beim Kunden ist die Front. Alle müssen an die Front – es geht nicht,

dass nur Einzelne draußen verbluten und andere nur weiter ihren lahmen Job machen.

→ Fordern Sie einfachere Computerprogramme für die Vertragserstellung, die schon vorab durch künstliche Intelligenz Ihren Vertrieb unterstützen.

→ Einzig und allein Sie sind es, der sich Gedanken über das Ganze macht und sich über die Bereichsgrenzen hinweg mutig und entschlossen engagiert – außer dem Boss vielleicht.

Wenn Sie also der Executive für den Vertrieb sind, taucht das Versagen der ganzen Firma zuerst bei Ihnen auf. Sie tun dann zweierlei: Sie schieben die Schuld an die schwächste Stelle, nämlich die Verkäufer, und Sie zeigen mit dem Finger auf die anderen Bereiche, damit die in Mitschuld geraten. Auf diese Weise haben Sie insgesamt kaum Arbeit, haben sich selbst von aller Schuld entlastet und erscheinen als einziger Aktivist im Zentrum des Sturmauges.

Executives lassen die lokale Arbeit in ihrem Bereich vom Mittelmanagement erledigen und betätigen sich hauptsächlich als Kämpfer für das Ganze im Unternehmen. Wie in der Politik üblich wird ein äußerer Feind bekämpft, der von den inneren Problemen und Unruhen komplett ablenkt. Der äußere Feind ist immer das ganze Unternehmen, das durch seine schlechte Struktur und seine ungerechten Forderungen an den Bereich alle noch so heroischen Anstrengungen der eigenen Mitarbeiter torpediert.

Change-Aktionismus

Schlagen Sie also ganz stark klingende Projekte vor, um das Ganze zu verbessern. Gehen Sie wie Politiker vor, die einen Weltfrieden vorschlagen oder sogar einen einheitlichen Steuersatz. Da das Ganze meist voller Unvollkommenheiten steckt, ist das ganz leicht. Ich gebe hier ein paar Beispiele von Vorhaben, mit denen Sie sich auf jeden Fall gut profilieren können:

→ Einen Prozess in dem Unternehmen etablieren, wie sich die Bereiche untereinander besser abstimmen und die Kommunikation aufrechterhalten.

→ Stressbekämpfung und Burnout-Vorsorge für Executive-Wellness. »Nach 24 Stunden Arbeit sollten Sie die letzte Stunde des Tages der Entspannung opfern.«

→ Eine konkrete Vorgehensweise für das Management entwickeln, wie das Vertrauen untereinander so weit verbessert werden kann, dass sich im Gegenzug jeder Einzelne zu höheren Zielen verpflichten kann. Vertrauen erhöht ja den Profit!

→ »New Team-Spirit«-Agenda heute plus 2 Jahre!

→ Einebnen der Kulturunterschiede zwischen den verschiedenen Towers. Die Entwickler bekommen auch Vertriebsziele, und die im Vertrieb sollen die von ihnen verkaufte Technik gut verstehen.

→ Eine Datenbank einrichten, in die jeder Managementfehler in Projekten eingespeichert wird. Wer einen Fehler begehen will, kann sich dort vorher informieren, wohin der führt, und ihn sogar ganz vermeiden. Wer also vor jeder Handlung die Datenbank konsultiert, wird genauso wenige Fehler machen wie Leute, die gar nichts tun. Dadurch wird Handeln ermutigt.

→ Eine Arbeitsgruppe zur Beschreibung ehrgeiziger, aber realistischer Ziele gründen, damit die Projekte nicht weiterhin durch Mondziele in Schieflage kommen.

→ Ein System bauen, das automatisch ausrechnet, wie lange ein Projekt wirklich braucht und wie viel es kostet.

→ Eine revolvierende Methode entwickeln, die alles so steuert, dass nicht alle Projekte zum Jahresende gleichzeitig enden müssen, sodass auch zwischendurch hart gearbeitet werden kann.

→ Ein System erbauen, das aus den Marktdaten und der Executive-Anzahl den Profit des Folgejahres und den Aktienkurs berechnen kann.
Ein gerechtes Bezahlungsmodell für Executives entwerfen.

Befassen Sie sich als Executive vor allem mit dem Initiieren prächtiger Projekte, die am besten schon im nächsten Quartal erste Früchte zeigen. Versprechen Sie diese ohne jeden Skrupel. Die anderen Bereiche sind ja schuld, wenn der Erfolg nicht eintritt.

Wenn Sie im Interesse des Ganzen eine klare Forderung stellen, etwa »Manager sollten erst nach einer guten Ausbildung als Führungskraft ernannt werden«, dann kommen auf der Stelle zwei Argumente:

- → »Das geht hier nicht. Das wird nicht gewollt. Es haben schon viele erfolglos versucht.«
- → »Ich weiß vage, dass es eine solche Idee oder sogar ein Programm schon im Konzern gibt. Fragen Sie dort einmal nach, damit Sie nicht alles neu erfinden müssen.«

Das erste Argument ist in der Regel sehr, sehr ernst und indiziert ein sicheres Scheitern der Aktionsidee. Obwohl es wahr ist, lässt es sich sehr leicht entschärfen. Sie sagen: »Jetzt komme doch ICH. Das ist etwas anderes, oder?« Das zweite Argument ist auch immer stichhaltig. Es gibt andere, die ebenfalls an ähnlichen Ideen arbeiten. Das ist äußerst ärgerlich, wenn Sie eine Aktion wirklich durchführen wollen, also ein guter Executive sein möchten. Dann nämlich müssen Sie sich mit fremden Leuten streiten, dazu noch in anderen Sprachen und Zeitzonen. Wenn Sie aber die Direkt-Karriere anstreben, wollen Sie ja nur aktionistisch erscheinen, um damit Ihr Potential zu zeigen. Dann seien Sie froh, ganz in der Ferne Mitstreiter gefunden zu haben, die am Scheitern schuld sind.

Beginnen Sie alle Ihre Aktionen also mit einem unternehmensweiten »Assessment«. Fragen Sie Hunderte Leute, ob die mit den Zielen Ihres Projektes (»Erhöhung des Gewinns«) einverstanden sind. Fragen Sie weltweit, wer an Ihrer Aktion mitarbeiten möchte. Berufen Sie Konferenzen ein. Beginnen Sie mit wöchentlichen zweistündigen Conference-Calls am Abend, wo ja alle Zeit haben – es muss ja auch Rücksicht auf die globalen Kollegen genommen werden. Sprechen Sie nur englisch. Befolgen Sie möglichst die meisten der folgenden Grundsätze:

- → »Wir wollen alle mit im Boot haben. Sonst ist das Projekt sinnlos.« (naive Forderung vollständiger Beteiligung)
- → »Alle, die mit im Boot sitzen wollen, müssen zum Budget des Projektes beitragen. Sie profitieren ja auch von den Projekterfolgen. Wir müssen noch diskutieren, wer wie viel gibt.« (unklare, aber nicht unerhebliche Finanzforderungen an alle Bereiche, von denen keiner Geld hat)
- → »Jeder, der bezahlt, darf genau bestimmen, wie er das Projekt haben will.« (Hinnehmen der Verkrümmung von Sachentscheidungen durch Sponsoren, Öffnung gegenüber auch unseriösen Vorschlägen von Minderheiten jeder Art)

→ »Jeder, der im Weltkonzern vergessen wurde und noch nicht seine Meinung äußern konnte, kann jederzeit das Projekt mit seinem Veto anhalten und einen Neubeginn verlangen.« (Vetorecht für fast alle, weil ja stets reorganisiert wird)

→ »Bei jeder Reorganisation wird das Projekt entsprechend adjustiert und insbesondere unter das Motto der neuen Buzz-Words gestellt.« (Planung großer Zeitverluste)

→ »Wir verlangen Commitment und den Buy-in des gesamten höheren Managements. Ohne starkes Commitment der gesamten Führungsmannschaft ist es nicht wert, das Projekt überhaupt zu beginnen.« (Fast alle Projekte zielen ja auf die Einigkeit des Topmanagements, deren Fehlen immer die Wurzel des Übels ist. Hier wird nun die Lösung des Problems zur Voraussetzung des Projektstarts erklärt, ein besonders feiner Schachzug!)

→ »Das Projekt stellt sich ganz in den Dienst der klaren, einheitlichen und durchgängigen Strategie der Geschäftsführung und geht in allem von ihr aus.« (Diese einheitliche Strategie fehlt ja gerade, was wäre sonst zu tun – wieder ein feiner Zug, gleichzeitig Gehorsam zu dokumentieren und einen Grund des Scheiterns als Projektfundament zu betonieren.)

→ »Das Ergebnis des Projektes ist eine Präsentation mit Vorschlägen, wie das Problem zu lösen wäre. Wir stimmen uns regelmäßig mit dem Topmanagement ab, sodass wir keine Vorschläge machen, die das Management nicht auch schon im Kopf hat.« (Fangen Sie bloß nicht selbst zu denken an. Bombardieren Sie das Topmanagement einfach regelmäßig mit Vorschlägen und schauen, ob sich Zustimmung findet. Wenn es gar keine gibt – noch besser. Dann fragen Sie Ihre Chefs ganz platt, was die von Ihnen wollen.)

→ »Danach wird festgelegt, wer die Empfehlungen sofort umsetzt. Da das ohnehin niemand für das Ganze kann, muss das Topmanagement die Macht und die Mittel bereitstellen.« (Stellen Sie sicher, dass Ihr Projekt kein Geld bekommt – verlangen Sie einfach keines oder viel zu viel, dann bekommen Sie auch wirklich nichts. Jammern Sie danach, dass sie keines bekommen haben und mit der Arbeit nicht anfangen können. Auf diese Weise müssen Sie nie etwas tun, auch wenn es Sie trifft, dass Sie alles umsetzen sollen.)

Wenn Sie nach diesen Prinzipien verfahren, wird nicht allzu viel Arbeit für Sie herauskommen. Sie laden jetzt alle Bereiche im Konzern zu einer ersten Sitzung ein und beginnen mit den Kämpfen. Alles beginnt immer so:

→ »Meine Lieblingsmethode!«
→ »Meine Lieblingstechnologie!«
→ »Meine Interessen müssen gewahrt werden. Was nützt mir das hier?«
→ »Ich habe mehr Macht als ihr anderen. Tut besser, was mir gefallen würde, sonst kippe ich alles doch.«
→ »Dürfen wir erst einmal diskutieren, was eigentlich unser Auftrag ist?«
→ »Was ist das Ziel des Projektes?« – »Ist doch klar: Mehr Umsatz und weniger Kosten!« – »Und was ist mit dem Gewinn?«

Ach ja, entschuldigen Sie den kalauernden Sarkasmus im letzten Dialog, aber es sind nicht nur Finanzfachleute im Meeting. Und diesen Dialog habe ich schon gehört.

Sie sehen, dass das ganze Projekt nur gelingt, wenn die Bereiche als Team zusammenarbeiten. Das aber tun sie ja nicht, deshalb ist das Projekt aufgesetzt worden. Deshalb scheitern diese Projekte so gut wie immer. Das ist nicht schlimm, weil alle anderen Executives ebenfalls Projekte initiieren und ebenfalls scheitern. Die Gründe für das Versagen liegen im System selbst. Wenn Sie alles analysieren, wird das Ergebnis so lauten:

→ Das Vorhaben litt von Anfang an unter mangelnder Abstimmung.
→ Die immer schwelenden Interessenkonflikte ließen die ganze Zeit zu kleine Korridore für mögliche Kompromisse, wenn es überhaupt Kompromisse gab.
→ Ein großer Teil der Bereiche zeigte keinen echten Willen zur Zusammenarbeit, sondern bot nur an, beim Erfolg des Vorhabens mit aufs Trittbrett zu springen.
→ Der Team-Spirit ging bei den zwei Umorganisationen während des Projektes verloren. Die Zuständigkeiten wechselten in unannehmbarer Weise.
→ Das Vorhaben litt unter schädlichen Unterbrechungen, weil einige Bereiche mehrfach ihre Hausaufgaben nicht gemacht hatten.
→ Es wird aus ähnlichen Fehlern, die in der Vergangenheit gemacht wurden, nichts gelernt.

→ Die Kulturunterschiede zwischen den Bereichen stellten sich als großes Hemmnis heraus und wurden chronisch unterschätzt.

→ Das Vorhaben war zu ehrgeizig angelegt und musste deshalb von Anfang an scheitern, weil sich die Teilnehmer nicht durchringen konnten, jede zu ambitionierte Hoffung aufzugeben und nur die Sache an sich zu verfolgen.

→ Das Projekt konnte nicht vor Jahresbeginn beendet werden und wurde durch die voraussehbaren Veränderungen im Management obsolet. Schon lange vor Jahresbeginn konnte man am Abseilen erkennen, wer befördert werden würde.

Und der Hauptgrund, der immer wieder genannt wird:

→ Es fehlte am klaren Commitment des Managements im Ganzen.

Wie gesagt, alles beißt sich bei dieser Feststellung in den Schwanz. Außerdem wird dadurch ausgedrückt, dass sich ohne das Topmanagement weder etwas tut noch etwas tun kann. Das lässt manchen Boss verzweifeln, wenn er ehrlich arbeiten will. Wenn der Boss aber ebenfalls Direkt-Karriere anstrebt – wie Sie – dann wird er der Lage auch Positives abgewinnen können: Ohne ihn geht gar nichts.

Vipisierung von Problemen

In vielen Fällen kann aber doch Abhilfe geschaffen werden. Man bestimmt nach langen Projektphasen am Ende einen Zuständigen, der das Problem lösen soll.

Beispiel: Die Produktion stimmt sich nicht mit dem Vertrieb darüber ab, wie viel wahrscheinlich von jedem Produkt verkauft werden kann. Dadurch wird oft zu viel oder zu wenig produziert.

Beispiel: Die Personalabteilung hat keine Ahnung, was Neueingestellte leisten sollen, weil der Markt sich dauernd ändert. Sie muss deshalb mit der Linie zusammen eine Kapazitätsplanungsstelle schaffen, die festlegt, wie viele Leute von welcher Art eingestellt werden sollen.

Beispiel: Ein neues strategisches Produkt soll in den Markt gedrückt werden, das die Kunden noch nicht wirklich kaufen wollen. Deshalb mögen es die Verkäufer auch nicht gerne anbieten, um die Kunden nicht zu verärgern. Das Unternehmen will aber unbedingt Marktführer werden und weder Rabatte an Kunden noch Boni an Verkäufer geben. Es will die Verkäufer moralisch zwingen, das neue Produkt anzubieten. Derweil stapeln sich die unverkauften Produkte im Lager.

Beispiel: Die Firma ist nicht mehr richtig innovativ. Wo fängt man an? Alle zeigen auf den anderen. Es fehlt Geld für Innovationen, Geld ist auch nicht da.

Es geht immer um das Zusammenspiel verschiedener Bereiche. Der Boss beauftragt einen Executive, Empfehlungen zu erarbeiten. Es kommt wieder zu der beschriebenen Kaskade. Alle verfügbaren »Experten« und Machthaber werden befragt. Es kommt zu den gewohnten Orgien von Meetings und Conference-Calls. Diesmal darf aber das Projekt nicht scheitern, weil der Boss selbst das Projekt angestoßen hat, nicht einfach ein Direkt-Karriere-Executive. In diesem Fall ist der Executive gezwungen, eine brauchbare Empfehlung abzugeben.

Egal, welches Problem Sie lösen wollen, es geht mindestens auf zwei Arten ganz gut:

→ mit Geld
→ mit Macht

Da es seit Langem Sitte ist, allen Mitarbeitern und Managern unerreichbare Ziele zu geben, lechzen alle nach Problemlösungsgeld! »Mehr Stellen!« – »Bessere Maschinen!« Nach Geld schreien sie alle, wirklich alle. Wenn Sie Executive sind, können Sie es gar nicht mehr anhören, dieses dumme Getue um Geld. Es gibt einfach keins und fertig. »Seien Sie doch einmal kreativ! Muss es immer Geld sein? Geht es nicht anders? Wozu bekommen Sie ein so hohes Gehalt, wenn Sie keine Lösungen finden? Nach Geld schreien kann jeder, dazu brauchen wir Sie nicht.« Ich will sagen: Geldforderungen treffen so sehr auf Unwillen, dass Sie sich schämen müssten, so etwas nur zu denken. Deshalb versuchen Sie es mit Macht. Das ist auch nicht originell, aber es ist brauchbar.

Wenn Sie ein Problem nicht lösen können, was der Regelfall ist, dann retten Sie sich mit dieser Standardempfehlung: »Wir schaffen eine neue temporäre Stelle eines Vice President für ein Jahr, der full-time dieses Problem grundsätzlich löst.«

Dieses Verfahren heißt Vipisierung eines Problems. Der etwas außergewöhnliche Name stammt von der Abkürzung VP wie Vice President. Man spricht VP im Amerikanischen ViiiPiii aus.

Man sagt im Amerikanischen auch, »wir setzen das Problem in eine Box«. Gemeint ist, dass die neue Stelle des VP im Organigramm oder Org-Chart des Unternehmens »als eine Box« auftaucht.

Der Boss weiß natürlich, dass das Problem voraussichtlich nicht gelöst wird. Er kennt sich ja aus. Aber ein einziger VP ist billiger als eine Millionen-Dollar-Gießkannenaktion, das weiß er auch. Außerdem kümmert sich jetzt jemand wirklich um das Problem, sodass es für ein paar Monate aus seinem Terminkalender verschwindet.

Er ernennt also schweren Herzens einen neuen temporären VP für Innovation, einen VP für Vertriebskoordination, einen VP für Skill-Capacity-Planning und einen Overlay-Executive für das neue strategische Produkt. Er macht das Beste daraus und vergibt diese Posten an junge Executive-Talente, die ihm ergeben sind. Da diese nun monatelang in allen Abteilungen herumstochern, damit die zusammenarbeiten, erfährt er über sie ganz gut, was eigentlich im Unternehmen los ist. Da die Stellen alle temporär sind, könnte er die Neuernannten bitten, erst nur den Titel zu führen und den Auftrag zu erledigen, ohne aber schon ein VP-Gehalt zu beziehen. Das bekommen sie erst nach ihrer temporären Bewährung. Der Boss kann sie also noch jederzeit ad acta legen, wenn er möchte.

Für Direkt-Karrieristen ist das Vipisieren das reine Glück, denn je mehr Probleme ein Unternehmen hat, umso mehr VPs bekommt es. Diese scheitern wieder beim Problemlösen und empfehlen die weitere Vipisierung immer neuer Probleme. Je schlechter also die Firma arbeitet, umso mehr hohe Posten wird sie einrichten. Das ist im Staat auch so: Je schlechter er ist, umso mehr Polizeioffiziere und Staatssekretäre braucht er.

Zu jedem Beauftragten gehört ein schweres Problem! Je mehr Probleme, umso mehr Beauftragte.

Warum also gibt es einen Datenschutzbeauftragten? Eine Gehaltsgleich-stellungsbeauftragte? Einen Ethik-VP? Einen Innovations-VP? Warum braucht ein neues geniales Produkt einen Lobby-VP?

Direkt-Karrieristen sehen Probleme im Unternehmen deshalb gerne. Sie können ja mit dem Problem VP werden. Sie sagen natürlich nicht Pro-blem, das ist politisch nicht korrekt, obwohl ich das hier die ganze Zeit so gehalten habe. Sie sollen es ja erst klar verstehen. Wenn Sie es verstanden haben, nennen Sie alles bitte »Herausforderung« oder »Challenge«. Ethik oder Frauengleichstellung ist in diesem Sinne eine Herausforderung, ver-stehen Sie? Kein Problem!

Für Politiker sind Gleichheit, Einigkeit, Gerechtigkeit, Fürsorge, Wohl-stand für alle oder Einfachheit der Gesetze eine Herausforderung. Wenn dafür kein Geld da ist, müssen die Parlamente vergrößert und immer neue Institute oder Stiftungen gegründet werden, die die ausscheidenden Poli-tiker aufnehmen.

Shake-up-Management – Aufmerksamkeit durch Aufrühren

Stellen Sie sich vor, Sie werden aus dem aktuellen Anlass einer Weltfinanz-krise zum Finanzethik-Beauftragten der Regierung ernannt. Sie bekom-men ein Büro, eine Visitenkarte und ein Telefon. Was tun Sie jetzt? Sie haben kein Geld, keine wirkliche Macht und eigentlich gar keine konkrete Aufgabe. Sie sollen sich einfach um »Finanzethik« kümmern. Oder: Sie werden wegen wiederholter Klagen der Finanzbehörden über das Unter-nehmen zum VP für Qualitätsbürokratie ernannt. Wie gehen Sie vor? Auf der einen Seite stehen Sie ganz allein, auf der anderen ein ganzes Unter-nehmen, das noch nicht einmal gegen Sie ist oder etwas gegen Ihr Thema unternimmt. Sehen Sie es einmal ganz brutal: Sie spielen jetzt im Augen-blick gar keine Rolle. Man weiß ja nicht einmal, dass Sie existieren. Jeden lieben Tag werden neue VPs ernannt. Jeden Tag eine Ankündigungsmail über eine einschneidende Veränderung im Management, die auf eine nachhaltige Verbesserung des Gewinns in diesem Quartal abzielt. Auch Sie werden allen Mitarbeitern so per Mail angekündigt! Und so, wie Sie selbst alle diese Mails unlustig und kaum angelesen löschen, tun es andere auch mit Ihnen und löschen Sie aus ihrem Dasein. Es ist jetzt an Ihnen, die Auf-merksamkeit des ganzen Unternehmens für Ihre Aufgabe zu gewinnen.

Die meisten Ratgeber empfehlen Change-Management. Und wieder sage ich: Lassen Sie das. Sie können jeden Tag in der Zeitung lesen, wie jemand versucht hat, ein Unternehmen zu verändern. Er scheiterte, weil »er die kulturellen Unterschiede unterschätzt« hat. Hand aufs Herz: Glauben Sie, dass es jemand schafft, das Steuersystem zu vereinfachen? Oder Qualitätsbürokratie einzuführen? Sicher nicht! Das können Sie nicht glauben, sonst wären Sie Pastor und nicht Executive. Warum also versuchen es immer wieder Executives? Sie haben das große Theater des Managements nicht verstanden, den Beruf verfehlt oder sie wollen unbedingt ehrlich an etwas arbeiten, das ihre Pflicht ist, aber nicht gehen kann. Halten Sie sich da heraus, Wunder vollbringen zu wollen! Sie gehen an diese Aufgabe so heran, dass Sie dafür befördert werden, nicht anders!

→ Sie treten eine Aufmerksamkeitskampagne los und reden über Ihre neue wichtige Mission und über sich selbst, der Sie von ganz oben diese Mission auferlegt bekamen, weil Sie ausersehen wurden.

→ Sie verlangen überall gebetsmühlenartig, dass Ihre neue wichtige Aufgabe von allen beachtet und abgearbeitet werden muss.

→ Sie sammeln im ganzen Unternehmen Positivbeispiele, wo das, was Sie überall durchsetzen sollen, schon »gelebt« wird. Das loben Sie und sehen es als schon fast gegeben an, dass bald alle so handeln wie die von Ihnen Gepriesenen.

→ Sie definieren in einem groß angelegten Projekt, wie nun die ganze Firma so umgekrempelt werden muss, damit sie so ist, wie es Ihrer Mission entspricht.

Das sind die vier Stufen. Die erste hat die Form einer positiven Kampagne, die zweite ist ein bissiges Einfordern von dem, was Sie in der ersten Phase verlangt haben. Die dritte Stufe starten Sie am besten gleich nach der ersten, es braucht ja Zeit, bis Sie die Positivbeispiele gefunden haben. Danach basteln Sie aus den Rohdaten der Positivbeispiele einen neuen Prozess für das ganze Unternehmen, sodass zum Beispiel nicht nur fünf oder sechs Buchhalter oder Controller Qualitätsbürokratie betreiben, sondern zwingend alle! Die vierte Stufe wird genauso als Großprojekt abgehandelt, wie ich Ihnen das auf den vorstehenden Seiten erklärt habe. Spätestens hier scheitern Sie an der Firmenkultur, aber dann ist schon ein Jahr herum und Sie übergeben an den nächsten jungen VP.

Warum ein Jahr? Normalerweise dreht sich das Managementkarussell am Jahresbeginn. Sie werden also in der Regel am ersten Januar ernannt. Sie stellen sich dann allen Bereichen etwa bis März vor und nörgeln bis Juli herum, dass Ihre Kollegen nicht mitziehen. Dann ist Urlaubszeit. Sie haben inzwischen die ersten Positivbeispiele und starten mit der großen Unternehmensrevolution etwa Ende September, wenn auch die Süddeutschen keine Sommerferien mehr haben. Dann ziehen Sie das Projekt zügig durch, sodass es bis in den Dezember hinein noch erfolgreich aussieht. Währenddessen haben Sie weiter oben allen von den Erfolgen vorgeschwärmt und haben etwa Ende November die Zusage, ab dem ersten Januar in einem anderen Bereich zu arbeiten. Sie schlagen Ihren Nachfolger vor. Am besten einen, der mit Ihnen unzufrieden ist und wirklich ehrlich arbeiten will. Vielleicht schafft er das ja? Oder er versteht langsam, wie alles zugeht.

Preaching-Campaign – fromme Appelle im Namen des Herrn

Ich beleuchte die einzelnen Stufen eines Executivejahres kurz einzeln. Zuerst werden Sie mit Ihrer neuen Aufgabe in einer unternehmensweiten E-Mail angekündigt. Beispiel: »Der neue VP hat die Aufgabe, die Kundenzufriedenheit zu verbessern.« Warum werden Sie ernannt? Weil die Kunden so böse und sauer sind, dass es nötig ist, einen VP dafür als Box in den Org-Chart zu setzen. Sie beginnen mit einer unternehmensweiten Kampagne.

Jetzt müssen Sie einen kulturellen Unterschied zwischen Deutschland und Amerika kennen. In Deutschland würde man nun jeden bestrafen, der schlecht mit einem Kunden umgeht. Eine Kampagne für Kundenzufriedenheit würde diese Strafen androhen. Das ist zu negativ. Nehmen Sie sich ein Beispiel an den USA. Die loben die Kundenzufriedenheit des eigenen Unternehmens in den Himmel und wollen, dass es jetzt sofort noch viel besser wird! In den USA wird man also einfach viel besser! In Deutschland schimpft man, dass der Mist aufhört. Das ist ja ein und dasselbe: In beiden Fällen soll es besser werden. Im Management, besonders oben im Executive Management, hat sich die amerikanische Sichtweise vollkommen etabliert. Bitte meckern Sie jetzt auf keinen Fall herum.

Lobpreisen Sie die Kundenzufriedenheit in höchsten Tönen, obwohl das Gegenteil stimmt. Dahinter steht ein Gedanke einer für das Management maßgebenden psychologischen Richtung, des Behaviorismus. Er heißt »Positive Reinforcement« oder »positive Verstärkung«. Wenn man danach dauernd positiv von Kundenzufriedenheit redet und redet und sie überall lobt, wo man sie sieht, so merken die Mitarbeiter, dass Kundenzufriedenheit sehr wichtig ist. Sie beginnen, ihr Verhalten zu ändern, weil sie ja auch gelobt werden wollen. Dieses Verändern durch Loben ist in Deutschland nicht bekannt. Deshalb gelten Deutsche als Grobiane, die die unangenehme Wahrheit sehen wollen, anstatt von der angestrebten großartigen Welt schon in heller Vorfreude und Begeisterung zu singen. Dabei kennt die antike Kultur schon das Lobpreisen von Göttern, um sie milde zu stimmen. Man lobt Gott als Wohltäter, um ihn an den Gedanken zu gewöhnen, gut zu uns zu sein.

→ Schreiben Sie perfekt gestylte Mails an alle.

→ Lassen Sie sich mit Hinweis auf Ihre prominente Neuernennung auf jede Agenda jedes wichtigen Management-Meetings setzen, das zum Jahresbeginn zur Neueinstimmung des Unternehmens stattfindet. Tragen Sie dort Ihr Anliegen vor, noch viel besser zu werden, obwohl alles schon so gut ist.

→ Verschenken Sie Ihre Präsentation auf USB-Sticks.

→ Bereiten Sie einen periodischen Newsletter vor, der an alle Mitarbeiter geschickt wird und den man abonnieren kann. »Wir haben schon einmal alle Mitarbeiter als Abonnenten angenommen, weil es eine so wichtige Sache ist. Bitte schreiben Sie uns eine Begründung, wenn Sie diesen Newletter abbestellen wollen, weil Sie meinen, die Kundenzufriedenheit müsse nicht erhöht werden.«

→ Bloggen Sie! Richten Sie ein Zufriedenheitswiki ein.

→ Lassen Sie ein Kundenzufriedenheitsportal im Intranet »launchen«.

→ Erfinden Sie eine gute Abkürzung für Ihre Aktivität, die in Deutsch und Englisch gut klingt und verständlich ist, zum Beispiel CUSS wie »Customer-Satisfaction«.

→ Überreden Sie das Corporate Communication Department, Flyer und Prospekte für Kundenzufriedenheit zu schreiben und in Massen zur Verteilung an alle zu drucken.

Ehrlich gesagt hilft es nicht viel. Es ist eben wie das Predigen von Tugend! Aber es sieht gut aus, das ist für Ihre Karriere wichtig. Die Mails bekommen Sie ja auch – und Sie löschen fast alle ungelesen, oder? Sie löschen auch die USB-Sticks und verschenken sie an Kinder. Die sind noch nicht einmal glücklich damit, weil die verschenkten Sticks zu wenig Speicher haben, eben nur so viel wie eine Präsentation braucht. »Ach, Papa, wieder so ein Mini-Teil!« Newsletter machen viel mehr Arbeit, werden aber noch schneller gelöscht, weil sie zu lang sind. Wenn Sie gut und viel reden, können Sie die Leute so weit bringen, dass sie die Newsletter wenigstens abspeichern. Die Blogs und Wikis verwaisen bald – wie überall. Die Flyer werden gedruckt und stapeln sich noch viele Jahre in Ihrem Büro – eine Wand pro VP-Jahr in neuer Position. Von der Sache her ist das Ganze völlig freudlos und ohne jeden Erfolg, aber es macht Spaß, das durchzuziehen und ist gut für die Karriere. Keiner ändert seine Arbeit – klar. Aber Ihr Gesicht haben alle gesehen – kurz vor dem Löschen.

Nerven Sie Kollegen und Mitarbeiter!

Nerven Sie alle Mitarbeiter und Mitmanager, sich in den Dienst der Kundenzufriedenheit zu stellen. Heben Sie penetrant den mahnenden Finger: »Ist bei dem neuen Plan auch an die Zufriedenheit des Kunden gedacht worden?« Die Genervten dürfen eigentlich nichts gegen Kundenzufriedenheit sagen, weil der Boss Sie ja ernannt hat. Hinter vorgehaltener Hand sagen sie alle hinter Ihrem Rücken: »Kundenzufriedenheit können wir uns nicht leisten. Die senkt den Gewinn! Wenn Kunden zufrieden sind, liefern wir sofort weniger Qualität, dann steigt der Gewinn. Es ist also am besten, den Kunden hart an der Unzufriedenheitsgrenze zu halten.«

Diese Manager, die so reden, sind dumm. Sie merken nicht, dass die Kundenzufriedenheit ja schon unter diese Grenze gesunken ist. Deshalb hat der Boss Sie ja ernannt! Vielleicht sind sie auch nicht dumm, sondern eben wieder deutsch. Sie verstehen nicht, warum man die Kundenzufriedenheit auf Ihren Wunsch steigern soll, wenn doch gerade Sie die jetzige Kundenzufriedenheit so stark loben. Für Deutsche passt das nicht, etwas zu loben, was man verbessern will. Deshalb scheitern solche Projekte in Deutschland noch eher als in den USA. Dort freuen sich die Mitarbeiter, dass sie so toll sind und nehmen dann das Nochvielbesserwerden einfach als Befehl hin – während Deutsche alles Gesagte auf logische Konsistenz prüfen und natürlich in dem amerikanischen Vorgehen keine solche finden.

Wie dem auch sei: Erinnern Sie an jeder Stelle an die Kundenzufriedenheit, bis es jedem aus den Ohren quillt. »Ich habe nun alle Wikis, Blogs, Newsletter und Flyer mit meinen Forderungen gefüllt. Jetzt muss es der

Letzte verstanden haben. Deshalb kann ich jetzt auch mit Recht einfordern, dass sich die Kundenzufriedenheit verbessert.«

Denken Sie etwa an die Frauengleichstellungsbeauftragte, die bei jeder Diskussion im Meeting die Frauenfrage anschneidet. Das nervt ganz schön, nicht wahr? Weil es nun schon Jahrzehnte so ist und eigentlich doch nichts passiert, außer dass jetzt Männer in der Kantine genauso kleine Essensportionen erhalten wie Frauen. Es gehört aber zu jeder Interessenvertretung dazu, immer wieder wie eine Gebetsmühle dieselben Forderungen zu stellen. Das Bewusstsein ändert sich ja doch, irgendwann, ganz allmählich. Vielleicht.

Unus pro toto – Shining Examples & Lighthouse-Projects
Damit Ihre Lobpreisungen der Kundenzufriedenheit eine gewisse Substanz erhalten, fragen Sie jetzt alle Mitarbeiter und Manager nach brauchbaren Beispielen höchster Kundenzufriedenheit. Darauf bekommen Sie in der Regel keinerlei Antwort, weil niemand Ihre Mails liest. Fragen Sie nach Referenzprojekten, wo Kunden Ihr Unternehmen als kundenfreundlichstes überhaupt bezeichnen. Sie werden wieder keine Antwort bekommen.

Das ist klar, weil es so viele schwere Probleme im Unternehmen gibt und deshalb auch so viele VPs, die sich je eines dieser Probleme annehmen sollen. Sie treten sich ja bald gegenseitig auf die Füße, weil alle diese positiven Beispiele suchen. Die Mitarbeiter und Manager sind total müde von solchen Anfragen. Sie wissen auch nicht, wozu sie dienen. Sie würden es lieber sehen, die Probleme würden angepackt als hochglanzpoliert.

Deshalb schreiben Sie unbedingt einen Preis oder einen Wettbewerb aus. Der Gewinner bekommt zum Beispiel 10.000 Euro oder wahlweise ein exquisites Abendessen mit Ihnen. Das ist ein blendendes Geschäft! Eigentlich müssen Sie ja arbeiten und Positivbeispiele suchen. Das kostet viel Geld und Zeit! Der Preis kostet kaum ein Monatsgehalt von Ihnen und aktiviert sofort das System. Ehren Sie verdiente Menschen im Unternehmen und berufen Sie sie in die Jury für die Preisvergabe. Dadurch sind diese Ihnen zu Dank verpflichtet und müssen im Gegenzug alle die eingereichten Positivbeispiele für Sie sichten. Sie ersparen ein weiteres Mal mehr Arbeit, als Sie selbst kosten.

Loben Sie ebenso im Vertrieb kleine Prämien aus, damit die Verkäufer Kunden zum Essen einladen und dabei bitten können, Referenzkunden zu sein. Damit schaffen Sie kreative Unruhe unter der Belegschaft.

Erfahrungsgemäß erhalten Sie etwa zehn bis fünfzehn Einsendungen für einen Wettbewerb oder Preis, von denen eine gute Hälfte ganz unbrauchbar ist. Meist verstehen die Leute nicht, was brauchbar ist. Andere versuchen es einmal hier, weil sie der Chef nicht genug gelobt hat. Andere reichen Leistungen ein, für die man vielleicht einen Nobelpreis vergeben könnte, die aber als Positivbeispiele nichts taugen, weil sie normalen Menschen nicht erklärbar oder der Presse nicht vermittelbar sind. Es geht aber nur um den »Positive Reinforcement«-Effekt der Beispiele, um sonst nichts. Insbesondere dienen die Auszeichnungen nicht der Anerkennung von Leistungen, sondern eben den Zielen Ihrer Kampagne – in diesem Fall die für Kundenzufriedenheit.

Sie werden es wahrscheinlich nicht glauben, dass es so wenige Beiträge für Wettbewerbe gibt. Nur zehn bis fünfzehn? Das ist aber so! Ich kann Ihnen das einfach so verraten, weil ich öfter in Jurys vertreten bin. Da kommen ganz bestimmt nicht Tausende von Zuschriften! Kann ja nicht sein, wo kaum einer weiß, dass ein Wettbewerb stattfindet! Die Leute löschen ja alles von Ihnen und lesen nichts.

Zum Glück weiß das aber keiner. Das ist sehr schön, weil nun der Preisträger wie der Allerbeste von Tausenden erscheint. Normale Menschen denken, es geht so turbulent zu wie bei *Deutschland sucht den Superstar!* Deshalb imponiert es sehr, wenn Sie den Preis an das einzige echt gute Beispiel für Kundenzufriedenheit vergeben und es loben, dass es das herausstechende Beispiel aus einer großen Masse von hervorragenden Nennungen war. »Die Wahl des Besten fiel schwer. Entscheiden heißt verzichten. Sie haben es verdient ganz oben zu sein, aber wir sind voller Mitgefühl bei denen, die es ebenfalls verdient hätten, auf dem Treppchen zu stehen. Es war keine leichte Aufgabe, glauben Sie mir.«

Kündigen Sie eine Kaskade von neuen Newslettern an. In jeder neuen Ausgabe stellen Sie eines der drei bis sieben Beispiele von Kundenzufriedenheit vor. Das reicht also für ein ganzes Quartal.

Planen Sie eine großartige Preisübergabe an den Sieger. Feiern Sie damit vor allem sich selbst. Sonnen Sie sich in den Kundenzufriedenheiten, die Ihnen genannt wurden! Drucken Sie die Fotos von der Preisverleihung überallhin. Es ist wichtig, dass Sie immer neben dem Preisträger auf dem Bild zu sehen sind. Da Sie jedes Jahr VP für irgendetwas anderes sind und deshalb stets Preise vergeben, erlangen Sie so nach und nach echte Publicity. Die Preisträger vergisst natürlich jeder. Um die ging es ja auch nicht.

Und dann kommt Ihr entscheidender Trick: Sie verdrehen wie bei allen Wettbewerben die Tatsachen während der anrührenden Feierlichkeit und danach: Stellen Sie die Leistungen der Preisträger als Konsequenz und Frucht Ihrer unendlichen Bemühungen heraus.

In Wirklichkeit gibt es ja fast keine Kundenzufriedenheit. Sie haben nun unter Ihrem Kommando einige Beispiele gefunden. Erinnern Sie sich: Sie sind im Januar ernannt worden und haben überall nach Kundenzufriedenheit gebrüllt. Sie waren in jedem Meeting jeden Bereiches. Sie haben in Blogs und Wikis Ihre Spur hinterlassen. Im März etwa schrieben Sie einen Preis aus, im Juni wurden die Preisträger geehrt – so könnte Ihr Zeitplan ausgesehen haben. Nun sehen plötzlich alle ein paar Beispiele von Kundenzufriedenheit, die keiner kannte. Alle dachten, es gäbe gar keine Kundenzufriedenheit – und nun ist sie da! Die Positivbeispiele wärmen die Mitarbeiter und lindern die Verzweiflung. Man verbindet aber nun den Begriff der Kundenzufriedenheit mit Ihrem Namen! Sie haben die Kundenzufriedenheit wiedererweckt! Noch einmal:

Ein Wettbewerb erweckt Aufmerksamkeit für etwas, was vorher im Dunkeln lag. Der Ausrichter des Wettbewerbs ist nicht einfach nur derjenige, der das Licht anzündete, damit alle sehen. Er erscheint als der, der das erschuf, was nur erhellt wurde.

Sie sind jetzt »Mr. CUSS« oder »Mrs. CUSS«. Ihr Name wird untrennbar vom Begriff der Kundenzufriedenheit. Damit sind Sie wieder ein gutes Stück weiter in Ihrer Direkt-Karriere.

(Sehen Sie sich um, wofür Preise vergeben werden – immer für etwas, was es nicht gibt! Für Ethik, Innovation, verständliche Wissenschaft, staatsbürgerliche Courage.)

Und jetzt erst kommt Ihr Hauptcoup. Gehen Sie noch einen logischen Schritt weiter. Erklären Sie, dass es zur vollkommenen Kundenzufriedenheit nur noch ein winzig kleiner Schritt ist, den man mithilfe der Positivbeispiele gehen muss. Erklären Sie die paar Positivbeispiele zum Paradigma des Unternehmens. (»Ab morgen machen wir es überall immer so wie hier!«)

> Wenn es für etwas Positivbeispiele gibt, ist es nur noch ein kleiner Schritt zur Lösung des Gesamtproblems. Wer also Positivbeispiele zeigt, ist schon der Architekt und Schöpfer der Gesamtlösung. »Unus pro toto«, das Ganze wird wie das Eine gesehen.

Dafür gibt es viele Beispiele: Politiker kommen zu Preisverleihungen und stellen den Preisträger als Leistung der Regierung hin. Die Schuldirektorin wertet die diesjährige 1,0-Abiturientin als Beweis der Exzellenz ihrer Schule. Mitarbeiter und Manager nennen immer nur ein Highlight ihrer Arbeit und suggerieren, dass ihre ganze Arbeit so toll ist wie der beste Ausschnitt davon. Wenn jemand rein gar nichts kann, kommt es eventuell zu einem Kurzdialog wie diesem: »Bist du in der Schule gut?« – »Ja, sicher! Ich habe in Religion eine Zwei bis Drei!«

Holen Sie jetzt zum Rundumschlag aus. Verkünden Sie, dass Kundenzufriedenheit in jedem gewünschten Ausmaß da wäre, wenn alle ständig so agieren würden wie in den Positivbeispielen. »Seid alle wie der Primus!« – »Nimm dir ein Beispiel an deiner ehrgeizigen Schwester!« – »Deutsche sind gar nicht hässlich, es gibt Heidi Klum.«

Sie haben es also geschafft. Die Kundenzufriedenheit ist rhetorisch da. Das haben Sie allein hinbekommen – ohne einen einzigen Kunden jemals gesehen zu haben. Ein halbes Jahr ist herum. Nun kommt eine gefährliche Stelle. Man verlangt, dass nun jeder im Alltag die Kundenzufriedenheit spüren müsse. Es gibt sie ja nicht wirklich, nur im Intranet und in der Presse. Man verlangt von Ihnen, den kleinen Schritt vom Einzelbeispiel zur Gesamtlösung zu gehen.

Das merken Sie bald an den Fragen und Anmerkungen in Meetings. Dort grummeln Einzelne, die auch VP werden wollen. Hören Sie genau auf solche Signale:

»Gut und schön, aber wir müssen jetzt einen Prozess entwerfen, der Kundenzufriedenheit erzwingt. Wir müssen den guten Weg, den wir einschlugen, verstetigen. Es fehlt noch ein bisschen Nachhaltigkeit. Was sagen wir den Kunden, die täglich unzufrieden anrufen?«

Jetzt ist die Zeit, energisch zu handeln. Zum Glück ist jetzt Sommerpause, im Herbst wird reorganisiert. Die Zeit ist günstig: Setzen Sie das große CUSS-Projekt auf.

Das große Change-Projekt

Der Schritt, Kundenzufriedenheit nachhaltig im Unternehmen zu etablieren, ist wie der von Jesus bis zur voll ausgebauten katholischen Weltkirche. Ein Beispiel allein ist schon viel, aber die Organisation muss »nachgezogen« werden. Das ist in Wahrheit natürlich unendlich viel mehr Arbeit. Die können Sie als einzelner Wanderprediger für Kundenzufriedenheit natürlich nicht leisten.

Es ist so, als wenn Edison eine einzige Glühbirne gebastelt hätte und nun daraus eine Stadtbeleuchtung erschaffen sollte, was überall Leitungen und Kraftwerke verlangt.

Die Strukturen müssen geschaffen werden, sagt man. Das Einzelbeispiel muss in die Breite ausgebaut werden. Dafür sind Sie weder ausgebildet noch ohne Weiteres fähig.

Was tun Sie? Sie starten ein Projekt, das den völligen Umbau des Unternehmens zur Kundenzufriedenheit zum Ziel hat. Kundenzufriedenheit soll kein Glücksfall von vielen günstig zusammengefallenen Faktoren sein. Sie muss planmäßig am Fließband erzeugt werden. Von Einzel- zu Massenfertigung!

Wie gehen Sie vor? Das habe ich schon im Abschnitt »Change-Aktionismus« dargestellt. Beginnen Sie einfach ein normales Change-Projekt. Sie starten also gewissermaßen von vorne.

→ Berichten Sie der Geschäftsführung, dass Ihre Aufgabe mit dem Start eines großen Change-Projektes beendet sein wird. Sie werden bis zum Jahresende einen Projektleiter finden, der Ihre nun ganz leicht gewordene Aufgabe zügig fortführen kann. Ein hoher VP sei dafür nicht mehr nötig.

→ Bitten Sie darum, mit Ihrer großen Kraft an eine neue Front geworfen zu werden, wo Sie die Firma aufrütteln werden.

→ Fragen Sie nach einer wirklich herausragend schwierigen Mission, die eventuell nur ein General Manager durchführen kann.

Damit inszenieren Sie Ihren Absprung zum Jahresende. Wenn Sie es gut anstellen, haben Sie unter der Hand im November einen neuen und besseren Job. Freuen Sie sich auf Weihnachten und hinterlassen Sie Ihrem niedriger eingestuften Projektleitungsnachfolger die ganze Bescherung. Der neue Verantwortliche wird das Change-Projekt bravourös bis zum nächsten Sommer fortführen und feststellen, dass man sehr viel Geld investieren muss, um Kundenzufriedenheit in der Breite zu etablieren. Da natürlich kein Geld da ist, wird er ersatzweise vorschlagen, einen VP für Kundenzufriedenheit einzusetzen. Damit kommt es zu einer Art Schweinezyklus, der nie endet, aber immer neue Direkt-Karrieristen nach oben spült.

Der Löwe brüllt – die Wölfe heulen mit

Welcher Job ist Ihr nächster? Sie sollten den Finger in den Wind halten. Was will der Boss? Jedes Jahr startet ein Unternehmen ein oder zwei neue Kampagnen unter einem schmissigen Motto, etwa »aggressive Vertriebsanstrengung«. Das kollidiert zum Beispiel etwas mit »Kundenzufriedenheit«, aber diesen Job haben Sie ja schon abgegeben.

Denken Sie nach, wohin der Boss das Unternehmen führen möchte. Will er expandieren oder die Kosten senken? Will er zentralisieren oder die Verantwortung wieder auf der lokalen Ebene verstärken? Studieren Sie die Ziele des Unternehmens, wie Ihr Boss sie vorgibt. Die sehen meist so aus:

→ Gewinnwachstum
→ Mehr als doppelt so starke Umsatzausweitung wie der Markt
→ Energische und nicht nachlassende Kostensenkung
→ Globale Ausrichtung
→ Stärkung des Vertriebs

Das meiste an den Zielen ist für Sie Blabla, wie bei Ihren Projekten auch. Aber so müssen Ziele aussehen, um ahnungslose Aktionäre oder Presseleute zu beeindrucken. Ein Unternehmen achtet ja immer auf Gewinn, Umsatz und Kosten – ist doch klar! Aber man muss es immer wieder sagen. Am Muttertag sagen Sie »Du bist die Beste!«, auf der Hauptversammlung »Wir widmen unsere ganze Karriere dem Profit unseres Unternehmens«.

Sie müssen als Executive herausfinden, was der Boss wirklich will und was er nur so sagt. Das ist manchmal mehr als mühsam. Chefs fordern meist alles, wirklich alles, damit es schon einmal gefordert wird. Aber was meinen sie wirklich ernst? Das sehen Sie daran, wie dringlich nachgefragt ist. Es gibt viele Executives, die erst nach der dritten Mahnung irgendetwas tun, weil es vorher nur Blabla ist und kein Wille dahintersteht. Hinter

»Kundenzufriedenheit« zum Beispiel steht selten Wille, deshalb scheitern ja auch alle diese Projekte immer wieder.

Finden Sie heraus, wohin der Wille gerichtet ist. Oft ist auch gar keiner da. Das ist schlimm … es eröffnet aber gute Karrierechancen – Sie müssen dann Ihren Boss irgendwie zum offensichtlichen Scheitern bringen, wie in der Politik auch.

Normalerweise hat der Boss einen gewissen Willen, wenigstens demonstriert er meist irgendwo einen. Gehen Sie genau in diese Richtung mit! Am besten wäre es, Sie sind wetterfühlig und spüren, wohin sich der Wille des Bosses richtet. Dann können Sie das Trumpf-Ass ausspielen: »Boss, ich spüre, wir haben die größten Potentiale in einer aggressiven Ausrichtung des Vertriebes. Ich arbeite gerade an der Kundenzufriedenheit. Die Kunden wollen ja beraten werden. Das erfahre ich jeden Tag. Ich verstehe nicht, warum wir dann so abwartend agieren und oft passiv auf Aufträge warten. Also, wenn Sie dieses Problem einmal thematisieren wollen, Boss, dann haben Sie in mir den überzeugtesten Mitstreiter. Für so ein Ziel würde ich mich zerreißen.«

Ihre Direkt-Karriere

Sie zeigen sich in der geschilderten Weise dem Boss stets voller Tatendrang. Aber zeigen Sie bitte nur Tatendrang! Sie sollten nichts wirklich von selbst tun. Warten Sie bitte auf Ihren Einsatz! Der Boss sagt zwar alleweil, dass er die Executives wegen ihrer Passivität verachtet und dass diese viel zu wenig proaktiv sind, aber das ist nur die routinemäßige Demütigung der Herde durch das Alphatier. Alphatiere oder Leithammel oder Platzhirsche sind solche, die das Highlander-Motto kennen: »Es kann nur einen geben.«

Platzhirsche fühlen sich allmächtig, bis sie in die Jahre kommen. Dann werden sie wegen der immer verwegener auftretenden Junghirsche misstrauisch und argwöhnisch und wittern Verrat. Bei Menschen ist das anders als bei Affen oder Hirschen. Die Oberaffen oder Leithirsche sehen irgendwann, dass der Harem von einem starken Jungtier begattet wird, und dann trollen sie sich. Bosse trollen sich nicht von allein, sie können noch lange kämpfen und müssen erfahrungsgemäß mit einer gigantischen Abfindung getrollt werden.

Zeigen Sie also niemals, dass Sie selbst Boss werden wollen. Seien Sie der gute Sohn, der eifrig alles wegarbeitet. Seien Sie ein loyaler Soldat oder besser der treue Samurai des Fürsten. Bewerben Sie sich überall in der äußeren Welt auf einen Boss-Posten. Sagen Sie das Ihrem Boss ganz ehrlich. Sagen Sie, dass dieses Unternehmen Ihre Heimat ist, ihre große Liebe, aber dass Ihre Karriere höher steht als die emotionale Bindung. Das steht sie ja auch, es ist alles wahr.

Lassen Sie Ihren Boss nie Gefahr aus Ihrer Ecke wittern. Das passiert leicht bei einem Alphatier, wenn Sie etwas verheimlichen und es etwas mitbekommt oder auch nur ahnt. Verdecken Sie deshalb keine Fehler! Vertuschen Sie nichts vor ihm (sonst können Sie meinetwegen alles hintenrum »drehen«, aber nicht hinter ihm). Viele Executives tun das und werden »entsorgt«.

Ein häufiges tragisches Beispiel: Der Boss ist in der grässlichen Zwangssituation, einen bestimmten Umsatz bringen zu müssen, den die Analysten von ihm erwarten. Bringt er den nicht, fallen die Aktien um einen guten zweistelligen Prozentsatz. Er selbst hat viele Optionen, die dann stark an Wert verlieren. In dieser Seelenlage faucht er die Executives an, noch mehr Umsatz zu holen, egal wie – notfalls degradiert er sie alle! Das sagt er mit seiner Wut so glaubhaft, dass Sie es nun mit der Angst bekommen. Sie haben keine Chance, noch Rechnungen an Kunden zu schicken. Noch 10 Tage bis Quartalsende. Der Boss schaut Ihnen grimmig entschlossen in die Augen: »Versprechen Sie noch 20 Millionen?« Und dann sagen Sie: »Ja.« Und sie brummeln in den Bart: »Ich versuch's.« Nach zehn Tagen müssen Sie vielleicht bekennen, es nicht geschafft zu haben. Dann feuert er Sie.

Warum? Er muss sich und will sich auf Ihre Aussagen verlassen. Er muss zu den Analysten hinaus. Da muss das stimmen, wozu Sie sich verpflichten. Natürlich hat er selbst das mit seiner Wut angezettelt. Er hat Ihnen so Angst gemacht, dass Sie alle Ja gesagt haben, weil Sie nicht mehr in seine Augen schauen wollten. Nun aber glaubt er, dass Sie ihn reinlegen wollen und vor den Analysten zum Abschuss freigeben. Die fordern ja seinen Kopf.

Das verstehen Executives sehr oft nicht. Sie denken, sie haben es versucht und mehr ging nicht. Das war eben ein Problem und das muss der Boss verstehen. Durch Wut und Einschüchterung kommt der Umsatz nicht. Ist doch klar! Wenn Sie so denken, haben Sie einfach keine Ahnung.

Der Boss ist ein Alphatier und denkt nur an die Erhaltung der Macht. Sein Machtinstinkt lauert bei jedem Problem:»Will jemand an meine Macht?« Wenn Sie nun den Umsatz nicht schaffen, denkt er, SIE wollen ihm Macht nehmen. SIE haben sich mit anderen gegen ihn verschworen, ihn zu fällen.

Deshalb feuert er Sie. Zu Recht – Sie haben nicht verstanden.

Was hätten Sie tun müssen? Sie hätten ganz ruhig und bestimmt entgegnen müssen:»Ich lege meinen Kopf auf den Block, aber ich schaffe keinen Mehrumsatz mehr. Ich habe mir für den jetzigen alle Beine ausgerissen. Ich bleibe dran, na klar. Aber ich gebe keine Verpflichtung ab. Nein, Sir.« Dann spuckt er Ihnen eventuell ins Gesicht (bildlich gesprochen oder auch einmal real), aber er feuert Sie nicht. Sie sind jetzt nur unfähig, aber nicht illoyal. Für ein Alphatier sind so ziemlich alle Menschen unfähig, das macht nichts, es ist sogar gut so. Wovor Sie sich fürchten, kommt in seiner Erfahrungswelt nicht vor. Dass jemand aus Angst einen Meineid schwört, ist für ihn das Letzte. Denken Sie an die wenigen Kenntnisse, die Sie über Samurai haben. Meineid? Seppuku! Harakiri!

An diesem wichtigen Beispiel sehen Sie wiederum, dass sich die psychische Einstellung auf jeder Stufe ändert. Sie kämpfen wie der Samurai um Ehre beim Herrn oder wie der gute Sohn um seine Aufmerksamkeit. Sie wollen der getätschelte Mittelpunkt sein. Danach streben Sie als Executive, weil es die beste Direkt-Karriere-Strategie ist. Das habe ich Ihnen erklärt. Der Boss aber IST der Mittelpunkt. Er HAT die Aufmerksamkeit! Jetzt muss er da oben bleiben!»Nach oben kommen ist nicht schwer, da oben bleiben aber sehr.« – »Wer oben steht, den weht jeder Wind an.« – »Oben bist du allein.«

Wenn Missverständnisse in der Hierarchie auftreten (wie das eben geschilderte), bezahlt der Untere den Schaden. Das ist doch klar, oder? Deshalb müssen Sie immer die über Ihnen verstehen, dann nehmen Sie keinen Schaden und Sie können auch leichter nach oben, weil Sie schon wissen, was Sie später denken und fühlen müssen.

Neurotic Leadership Programming: Prächtiges Auftreten

Nutzen Sie die Urkräfte des Menschen, wie wir sie bei Neurotikern beobachten. Ihre Tätigkeiten im höheren Management zielen darauf, im Mittelpunkt zu stehen, Beifall zu erheischen und strahlend zu wirken. Es liegt deshalb nahe, sich die Triebkräfte des Hysterischen oder des Histrionischen anzuschauen und für die eigene Karriere als Treibkraft zu nutzen. Hysteriker sind vor allem geltungsbedürftig und suchen deshalb die Aufmerksamkeit anderer. Sie versuchen charmant zu wirken und durch das äußere Erscheinen bei anderen Punkte zu machen. Viele sind hyperhymnisch (»hyperhymnic«), das heißt, sie sind übermäßig optimistisch und voller Begeisterung. Sie gehen auf gut Glück los, treffen hastige Entscheidungen und sind nicht sehr zuverlässig. Hoffnungsfroh jagen sie mal diesem, mal jenem Ziel nach. Sie spielen ihr Leben wie eine Abfolge immer neuer Theaterstücke – mit immer neuen Rollen. Sie sind immer ein bisschen glückliches Kind und verlassen nie ganz den infantilen Status. Sie reden lebhaft und verlangen Gehör. Sie erwarten überschwängliche Zustimmung. Sie stellen sich exhibitionistisch und dramatisch dar, springen von einem Punkt zum andern. Sie schaffen es in Beziehungen, andere so zu manipulieren, dass sie ihren eigenen Willen durchsetzen. Sie sind »einnehmende« Persönlichkeiten, für andere oft sehr anstrengend, weil sie ständig Anforderungen stellen.

Man könnte sie als sozialen Vampir bezeichnen. Sie selbst finden sich attraktiv, sympathisch, offen, stimulierend und charmant. Sie halten viel auf ihre Begabung, unmittelbar Beziehungen zu knüpfen, deren Tiefe sie überschätzen, weil sie das ohnmächtige Zuhören der »Opfer« für Zuneigung halten.

Ihre gesamte psychische Energie wird für eine prächtige Fassade verwendet. Um das Innere kümmern sie sich nicht. Das ist leer und wird immer wieder durch einen unerschöpflichen Strom vom Beifall anderer zugestopft. Die anderen spiegeln ein prächtiges Ich wider. Ohne Zuschauer gibt es kein Ich. Deshalb müssen sie immer unter Menschen sein und sich in der Herde hervortun.

Der Mensch an ihrer Seite ist oft überfordert, das Ich des Histrionischen durch Beifall konstruktiv aufrechtzuerhalten. Dann verlässt ihn der Histrioniker und stürzt sich in einen neuen Lebensabschnitt. Er braucht immer wieder neue Stücke im Theater!

Der Histrioniker benimmt sich ähnlich wie Sie als Executive bei der Direkt-Karriere! Sie stoßen auch immer neue Projekte (»Theaterstücke«) an und ernten den Beifall Ihrer Kollegen. Sie bekommen den Applaus, wenn Sie die Preise für die Wettbewerbe übergeben und sich mit dem Preisträger Arm in Arm oder beim gratulierenden Händedruck ablichten lassen.

Sie begeistern sich für Ihr Jahresziel, für das Sie als VP ein Jahr lang voller Umtriebigkeit leben (»Kundenzufriedenheit!«, als nächstes Stück dann »Aggressive Vertriebsanstrengung!«). Sie sind ein Profi in der Kunst, Aufmerksamkeit (»Applaus für Ihren Theatermonolog«) zu bekommen. Sie sind der Vielredner, dem man zuhören muss. So wie der Histrioniker sozialer Vampir ist und die Leute nach Lob aussaugt, so saugen Sie die Aufmerksamkeit aus den Teilnehmern von Meetings. Sie stimulieren das Unternehmen, Sie verändern immer neu.

In diesem Sinne ist das, was Sie als Executive tun, ähnlich wie das, was der Histrionische tut. Dieser ist aber deshalb gestört, krank oder neurotisch, weil er sein Ich durch den Beifall füllt. Das aber dürfen Sie keinesfalls. Sie stärken nicht Ihr Ich, sondern Ihre Karriere. Ihr Ich darf auch jetzt noch keine Rolle spielen, erst der Boss darf das als Alphatier herauslassen. Sie müssen noch warten, aber es ist ja bald so weit. Nehmen Sie sich also nur das äußerliche Agieren des Histrionikers zum Beispiel und ersetzen Sie seine kranke Motivation durch Ihre nützliche. Spielen Sie Theater! Rauschen Sie durch alle Meetings, geben Sie überall nie versiegenden Rat in allen Komitees. Seien Sie überall präsent.

Sie treiben alles durch elegantes Hüpfen voran, so wie die Biene unendlich viele Blüten zu Früchten treibt, so wie Don Juan Generationen von Frauen beglückt. Sie können nicht überall sein, aber wenigstens geben Sie in jeder Sekunde, die Sie einmal da sein können, der Umgebung Glanz. Nutzen Sie den Trieb des Theatralischen und des unstet sich Wandelnden. Dann verändern Sie diese Triebkraft in eine Triebkraft für Ihre Direkt-Karriere.

Die Triebkraft des Neurotikers will authentischen Beifall erzwingen. Sie aber erzwingen Aufmerksamkeit und Zustimmung, ganz egal, ob diese authentisch ist oder nicht. Der Executive braucht nur das zustimmende Nicken, egal wie. Er ist nicht wie der Neurotiker seelisch darauf angewiesen, dass der Beifall von Herzen kommt.

Der Executive als Karrieredarsteller (»Vice President«)

Und ich wiederhole noch einmal: Sie dürfen nicht selbst neurotisch sein, aber sie müssen das Treibende des Neurotischen spielen, um schnell erfolgreich zu sein.

Wenn Sie das tun, dann sind Sie erfolgreich, aber es ist klar, dass Sie nicht gemocht werden. Sie sind ja für die Menschen unter Ihnen ein widerlicher Selbstdarsteller, der sich in den Vordergrund drängt und dafür noch unter Strafandrohung Beifall fordert. So werden Sie wahrgenommen! Das liegt nicht an Ihnen, sondern daran, dass fast niemand die Gesetze der Karriere versteht.

Sie werden nicht gemocht, weil Sie nach Meinung der meisten zu Unrecht Executive geworden sind. Es ist anderen Menschen völlig unverständlich, wie Sie an die jetzige Position gekommen sind. Deshalb versuchen sich die meist ziemlich beschränkten Mitarbeiter in irren Rationalisierungen. Sie denken sich Seilschaftstheorien aus, denken, das ganze Management sei nun wahrlich und wahrhaftig verrückt geworden, nicht nur gespielt – ja, und sie glauben, ehrliche Arbeit wird nicht honoriert, sondern nur das überbordend schwallende Reden. Das stimmt nicht! Arbeit wird immer honoriert, nur eben das Theatermachen noch viel besser! Besonders übel wird Ihnen das Flache und Hohle genommen, was daran liegt, dass Sie immer dieselben Füllwörter benutzen, immer begeistert sind und auch in schwierigen Situationen dann hier ganz unpassend charmant und glatt wirken und vor allem gut angezogen in Situationen, wenn man einen Blaumann erwarten würde.

Die Untergebenen wissen ja, dass Sie Luftschlösser bauen und sich in Kommissionen wichtig machen. Das nehmen sie bitter übel, was man ja von ihrer Warte aus verstehen kann. Sie wissen ja nicht, dass es bei Karriere am meisten auf Aufmerksamkeit ankommt – und dass die Leistungen in Ihrem Bereich von ihnen, den Mitarbeitern, erbracht werden müssen – nicht vom Management. Sie als Executive können also keinesfalls damit rechnen, dass Sie als Executive je authentischen Beifall von Mitarbeitern erhalten werden. Ihre Mitarbeiter sehen Ihrem Theater zu, aber sie verstehen das gespielte Stück nicht. Sie sind wegen Ihres ungerecht erscheinenden Erfolges auch nicht bereit, Ihre darstellerische Leistung zu würdigen. Auf der anderen Seite können Sie sie einfach zum Klatschen zwingen. Tun Sie das eben.

Neulich habe ich bei einer externen Rede so ein Schauspiel erlebt. Ein Mitarbeiter, der wohlgemerkt geklatscht hatte (fast alle klatschen zu allem, egal wie schrecklich sie alles finden), war offen wütend: Er zischte neben mir sitzend: »Es ist Schaumschlägerei!« Ich fragte ihn, warum er nicht aufstehe und protestiere. »Es hat keinen Sinn! Er versteht nichts mehr. Er schwebt da oben in anderen Wirklichkeiten, die uns vollkommen fremd erscheinen. Irgendetwas ist im Hirn anders bei denen. Sie leben in Luftschlössern. Sie haben den Boden der Realität vollkommen verloren. Sie denken, es geschieht alles ganz von allein. Tut es ja auch, weil wir sie nicht sitzen lassen können. Sonst verlieren wir unseren Job. Sie sind oben wie Kinder, die mit Mitarbeitern in der Puppenstube das Leben üben. Einzig der Boss scheint sich noch um die Firma zu kümmern. Warum er aber diese albernen Spielchen zulässt, wissen wir nicht.«

Egal, was das Publikum sagt: Sie machen bitte unbeirrt Direkt-Karriere. Und als Executive spielen Sie Theater und basta. Aber haben Sie die zitierten Worte des Mitarbeiters im Ohr? Er sieht den Boss anders als Sie. Er schaut auf ihn wie jemanden, der Hoffnung gibt, es würde dereinst alles gut. Der Mitarbeiter glaubt nicht, dass der Boss Theater macht. Er scheint sein Bestes zu tun, der Boss, aber er schafft es nicht, den Kindergarten aufzuräumen.

Merken Sie etwas? Wenn Sie Boss werden wollen, erscheint eine wiederum ganz neue Aufgabe für Sie am Horizont. Als Direkt-Karriere-Executive spielen Sie noch im Kindergarten (das ist die sarkastisch-hässliche Bezeichnung für das Komitee-Leben). Als Boss aber müssen Sie die Hoffnungen der Mitarbeiter bedienen, dass Sie diese Zustände in einen sinnvollen Zustand überführen. Das erwarten die Kunden und die Aktionäre übrigens auch.

Es gibt noch einen wichtigen Unterschied zwischen dem Executive und dem Boss. Der Executive hat in seiner ganzen Karriere immer nur Befehle bekommen – die ganze Zeit. Sie haben als Abteilungsleiter im Stress gebadet, sie haben als mittlerer Manager hauptsächlich mit der Gallenblase regiert. In der letzten Zeit als Executive pendelten Sie zwischen Komitees und integrierten wie ein Partyhopper die ganze Firma in ein Ganzes (»Theater«). Wenn Sie aber Boss sind, müssen Sie sich plötzlich eigene Befehle ausdenken!

Auch aus der rein psychologischen Perspektive ist der Sprung vom Executive zum Boss wieder sehr einschneidend. Auf dem vorherigen Sprung nach oben mussten Sie die neurotischen Treibkräfte der Zwanghaftigkeit nutzen und darstellen (»alles bleibt wie es ist«), danach waren Sie nur in Komitees zur histrionischen Veränderung tätig (»alles neu und besser«). Das waren fast Gegensätze.

In derselben Weise ist der Wechsel vom Executive zum Boss ein diametraler Paradigmenwechsel. Der Executive nutzt hauptsächlich das Spielen von Rollen in Komitees, um Beifall unter den Kollegen zu erzwingen und Aufmerksamkeit beim Boss zu erregen. Seine Aktionen zielen darauf ab, eine prächtige Außenhülle des Ich zu konstruieren und aufrechtzuerhalten. Das Ich wird dazu für die Karriere temporär aufgegeben, weil es bei Spielen stört und eventuell zu »Mixed Messages« in der Kommunikation führt. Der Executive arbeitet allein mit der Hülle – ohne Ich!

Der Boss aber ist jetzt oben. In diesem Augenblick – am Ende der Karriere wenigstens in diesem Unternehmen – darf er das Ich wieder ungeniert raushängen, wie man sagt. Er darf sich hemmungslos selbst lieben, was die ganze Zeit nicht opportun für die Direkt-Karriere war. Diese plötzlich wieder rasende Liebe zu sich selbst, die die ganze Zeit verdeckt gehalten werden musste, führt zu einer gewaltigen Energieeruption. Aus dem nachbabbelnden Executive wird nun ein echter starker Leader.

Auf dem Sprung zum Boss müssen Sie die Hülle abstreifen und wieder zum Kern Ihres Wesens kommen.

Was aber ist von Ihrem Ich nach Jahren der Diaspora noch da? Die Maske fällt.

Eine Beispielrede für Executives

Executives kommen am Morgen frisch und bestens gelaunt auf die Bühne. Alle wissen, dass Executives rund um die Uhr arbeiten, aber sie sehen meist eher so aus, als würden sie segeln oder Golf spielen. Wahrscheinlich nutzen sie den Laptop im Solarium? Oder macht der Erfolg sie so schön grau meliert? Nein, natürlich nicht. Der Erfolg stellt sich ein, wenn Sie so zu wirken verstehen. Sie müssen strahlen! Mitten in einer Krise oder vor der Pleite müssen Sie lustvoll antizipieren können, wie wundersam gestärkt das Unternehmen aus der Katastrophe hervorgehen wird, die Sie selbst haben anrichten helfen. Am besten ist es, Sie halten gar keine Rede mehr im eigentlichen Sinne, sondern Sie moderieren einige Ihrer Kollegen. Bitten Sie Ihre Nebenbuhler um Ihren nächsten Posten lustvoll auf die Bühne und fordern Sie sie zu ungebremstem Optimismus auf. Vielleicht dürfen Sie sogar Ihren Boss ansagen? Das ist ein wunderbarer Karriereschritt für Sie und zeichnet Sie vor allen anderen aus.

»Hallo, alle zusammen! [Kunstpause] Guten Morgen, ein neuer erfolgreicher Tag ist da! Guten Morgen! [Kunstpause] Hey, sind Sie noch nicht richtig frisch? G-u-t-e-n M-o-r-g-e-n!! [Publikum antwortet mit Guten Morgen]. Aber, aber, das klingt noch immer nicht ausgeschlafen! Ich führe mir mal das Mikro direkt in den Mund: G-U-T-E-N M-O-R-G-E-N!! [das Publikum antwortet nun in etwa laut genug oder sehr laut, wenn die Rede vor dem Vertrieb stattfindet]. Na also, was sage ich denn, ich bin sicher, Sie haben gestern noch lange gefeiert, wir haben uns das Standard-Lasagne-Huhn-Fisch-Buffet eine Stange kosten lassen und Sie erst ab dem dritten Getränk selbst zahlen lassen. Ich begrüße Sie hier ganz herzlich in dieser wunderschönen Halle. Wir haben in dieses Meeting viel Geld investiert. Ich hoffe, das hinterlässt bei Ihnen großen Eindruck. Diese Investition wollen wir natürlich in Form von höherer Motivation bei Ihnen wiedersehen. Wir veranstalten diese Meetings nicht zu Ihrer Freude, sondern zur Motivationssteigerung.

Ich bin für die heutige Agenda der Host, ich moderiere für Sie. Das ist eine hohe Auszeichnung für meine Karriere und motiviert mich ungemein. Ich stehe im Rampenlicht, ohne mich konkret selbst zu etwas verpflichten zu müssen. Ich darf zuerst unsere Ehrengäste in der ersten Reihe begrüßen, die da wie verlassen herumsitzen, weil Sie alle immer dicht gedrängt hinten sitzen. Seltsam, hier vorne sind noch so viele Plätze frei. Ich stelle Ihnen nun nacheinander unsere Geschäftsführer vor, die sich unter großen Anstrengungen ihrer Assistenten ganz kurz frei machen konnten. Wir wollen unsere Chefs nicht enttäuschen und für die weite Anreise im Privatjet nach Kräften belohnen. Ich darf Sie also um einen frenetischen Applaus für [XY] bitten, der extra dafür gekommen ist! [frenetischer Beifall, fünfmal dieselbe Prozedur]. ... Huuh, das ist eine Begeisterung in diesem Saal, es ist eine wahre Wonne, hier zu moderieren. Ich will nun bald zu unserer dicht gepackten Agenda kommen. Zuerst wird unser CEO eine Videobotschaft an uns richten. Er wäre gerne selber gekommen, lässt sich aber aus wichtigem Grund entschuldigen, weil er ... äh weil er ... [unten in der ersten Reihe schüttelt jemand angstvoll mit dem Kopf] äh verhindert ist, er hat einen Kundentermin, aber wir müssen verstehen, dass im Grunde alle Termine eines Bosses wichtiger sind als dieser hier. Nach dieser Videobotschaft, die wir auch ins Intranet stellen, kommen die Geschäftsführer zu Wort und erklären uns, wo wir stehen. Sie werden uns die neuesten Zahlen präsentieren, die Sie mit etwas Fantasie natürlich schon aus Ihren Gehaltsmitteilungen erschließen könnten, aber hier erfahren Sie alles aus erster Hand. Die schlechte Lage wird Sie noch mehr motivieren, andernfalls fallen wir in ein tiefes Loch. Am Ende dieses interessanten Vormittags, den wir für Sie zusammengestellt haben, präsentiere ich Ihnen den einzigen Sachbeitrag dieses Tages. Dazu haben wir einen berühmten auswärtigen Redner eingeladen, der uns zum Thema »Emotionale Intelligenz für Mitarbeiter« referieren wird. Dieses Thema wird uns noch lange beschäftigen, weil emotionale Intelligenz immer wichtiger für unser Business wird, wie alle Prognosen zeigen. Es ist deshalb wichtig für jeden von uns, wenigstens in Form einer kurzen Einführung zu erfahren, worum es dabei geht. Ich selbst habe den Vortrag woanders schon probegehört und musste fast weinen vor Rührung. Wie viel Potential darin schlummert! Wenn alle Mitarbeiter einfach nur vertrauensvoll und teamfähig wären! Da eröffnete sich mir eine ganz neue Welt, wie ich sie aus der täglichen Arbeit nicht kenne. Sie werden auch begeistert sein und reiche Anregungen mit nach Hause nehmen. Ich denke, dieser Tag motiviert uns, gestärkt wieder an die Arbeit zu gehen. Unser Gehirn ist morgen bestimmt wieder ganz frei.

So, wir kommen jetzt zur Videobotschaft. Den Monitor haben wir nicht mitgefilmt, das machen die bei den Nachrichten ja auch nicht. Der Oberboss wird uns im Text auffordern, am Markt durch eine aggressive Vertriebsoffensive zu gewinnen. Wir werden während und nach dieser Botschaft mit der Kamera über Sie hinwegstreichen, damit sich der Oberboss anhand Ihrer gefilmten Reaktionen ein Bild machen kann. Ungefähr ab jetzt sieht er also, was hier von uns gespielt wird. Ja [hüstel], das sieht er, das stimmt. Oh ja. Stimmt. Okay, ich bin aus dem Konzept gekommen, weil ich plötzlich am Schluss meiner Begrüßung angekommen bin, aber mir selbst noch ein neuer Gedanke gekommen ist, weil mir einfiel, dass alles gefilmt wird. Uiih, das vergisst man ganz, wenn man hier oben steht und redet und redet und redet. Lassen Sie mich daher noch spontan ein paar persönliche Worte an Sie richten, dazu muss noch Zeit sein.

Bitte unterstützen Sie von ganzem Herzen die Initiativen des Chairman. Es geht ihm um Gewinn, Profit, Umsatzwachstum, Kostensenkung und um aggressive Vertriebsaktivitäten. Zumindest zum letzten Punkt kann jeder beitragen. Jeder muss im Kopf zum Vertrieb gehören und verkaufen, verkaufen, verkaufen.

Gut. Ach, ich wollte Sie noch zur Teamarbeit animieren. Lassen Sie mich noch vor dem CEO eine persönliche Botschaft an Sie richten. Das sollte ein

Moderator natürlich nicht, weil die Zeit immer so knapp ist, aber ich will das doch einmal tun, weil es mir so am Herzen liegt … Ich bin gerade der Executive für Kundenzufriedenheit und vertrete in diesem Jahr die These, dass der Kunde im Mittelpunkt steht … bitte helfen Sie mir, die Kultur umzuformen. Seien Sie meine Advokaten, unterstützen Sie mich, ich schaffe das nicht allein. Ich bin nichts ohne Sie! Ich danke Ihnen so sehr …«

Selbsttest: Sind Sie der glänzende Bereichsdarsteller?

Gehen Sie den folgenden Fragensatz durch:

1. Sind Sie charmant?
2. Hören Ihnen alle zu?
3. Unterbrechen Sie oft aus schierer Begeisterung, einen Gedanken zu haben?
4. Reden Sie im Interesse der Sache unendlich weiter, auch wenn Sie an dessen flackernden Augen sehen, dass Ihr Gesprächspartner innerlich flieht?
5. Werben Sie genug für Ihre Arbeit, damit andere sie tun?
6. Können Sie sich von Aufgaben gut trennen und auf neue konzentrieren?
7. Sind Sie spontan?
8. Können Sie gut ständigen Wandel vertragen, ein Leben ohne Fixpunkte und ohne feste Grund- oder Glaubenssätze?
9. Lieben Sie stimulierende Lifestyle-Hobbys wie Fliegen, Extremklettern oder Motorradfahren?
10. Waren Sie schon einmal in einem Nachtclub?
11. Sagt Ihre Frau, Sie seien oft wie ein Kind? Klagt Ihr Mann, sie seien zu »flirtatious«, was in gutem alten Deutsch wohl »kokett« bedeutet hätte?
12. Erwarten Sie rücklobendes Echo, wenn Sie hymnisch zujubeln?
13. Verführen Sie gerne?
14. Können Sie über die Bande spielen und Gruppen manipulieren?
15. Werden Sie nervös, wenn Sie einen vollen Tag allein in einem einsamen Hotel bleiben müssen, weil Sie einen Tag zu früh anreisten?

16. Wählen Sie lieber einen teureren Wein, wenn die Firma bezahlt?
17. Können Sie gut mit Gegensätzen und Widersprüchen in Ihrem Leben auskommen, indem Sie einfach hin und her hüpfen und sie so zur Einheit bringen?
18. Wird Ihr Leben so enden – verheiratet, geschieden, wieder verheiratet, ein Kind?
19. Klagen andere in Ihrer Abwesenheit öfter, sie seien unaufrichtig?
20. Meiden Sie Introvertierte?
21. Stören oder langweilen Sie Sinndiskussionen?
22. Bekommen Sie oft Ihren Willen?
23. Sind Sie gerne frivol, um andere etwas zu stechen?
24. Sind Sie einnehmend?
25. Lieben Sie es, immer vorzukommen?
26. Mögen Sie Hedonisten?
27. Interessieren Sie sich grundsätzlich neugierig für alles, ohne je Neigung zur Tiefe zu haben?
28. Geben Sie gerne vor Spezialisten mit Ihrem Stolz an, ein Generalist zu sein?
29. Antworten Sie zu schnell?
30. Entscheiden Sie manchmal im Rausch der Begeisterung, ohne kühlen Kopf?
31. Nicken Sie dauernd mit leuchtenden Augen im Publikum, damit andere das sehen?

Im Grunde müssen Sie auch hier zu allem Ja sagen können – laut und unmissverständlich. Sie sorgen für Leben und Bewegung in der langweiligen Bude. In der nächsten Stufe müssen Sie allerdings viel stärker den Anschein erwecken, die Bewegung in Resultate münden zu lassen. Das wollen die Analysten so, weil sie nur etwas von Resultaten verstehen.

Buzz & Hazard (Big Bosses Direct Primer)

Intermezzo – ganz oben die psychische Umkehr

Jetzt sind Sie oben angekommen. Sie sind ein einziger Mensch, der über den vielen anderen arbeitet. Macht es einen Unterschied, ob Sie noch zusätzlich im Büro sind oder nicht? Geht es dem Unternehmen schlechter, wenn Sie in Urlaub sind? JA! JA!

Sie erkennen jetzt Ihre Aufgabe: Sie müssen in allen Köpfen und besonders den Angstzentren darin omnipräsent sein. Sie müssen dem Unternehmen Ihren Stempel aufdrücken. Sie werden die Kultur ganz neu prägen und auch Ihrem Nachfolger noch keinen Spielraum zum Andersmachen lassen. Die Geschichtsbücher werden von Ihren gewaltigen Taten berichten. Sie haben die Branche neu erfunden!

Ihre Karriere begannen Sie als Beißhund, sie haben Mitarbeiter angetrieben. Danach waren Sie gehorsamster Buchhalter heiliger Ordnungsprinzipien. Dann saßen Sie einige Jahre in Komitees und waren Teil eines Ensembles, das man Team nannte. Es waren Jahre des nachjagenden Gehorsams, des buchstabengetreuen Gehorsams und des vorauseilenden Gehorsams.

Jetzt ist die Zeit des Gehorsams vorbei. Jetzt dürfen Sie tun und lassen, was Sie wollen, Sie sind der Boss. Alle aber schauen auf Sie. Die Mitarbeiter erwarten etwas, die Manager, die Aktionäre, die Analysten und die Kunden. Was geschieht jetzt?

Bedenken Sie, die Erwartungen an Sie sind sehr hoch! In früheren Zeiten war es erlaubt zu sagen: »Ich werde die positiven Entwicklungen der letzten Jahre kontinuierlich fortsetzen und versuchen, in die sehr großen Schuhe meines Vorgängers hineinzuwachsen und mich damit des in mich gesetzten Vertrauens würdig zu erweisen.« So war das früher, als Management noch kein richtiger Beruf war, sondern mehr eine hoheitliche Aufgabe. Heute kommen Sie zum Amtseintritt gar nicht mehr an einer Revolution in der Firma vorbei, so hoch sind die Erwartungen an Sie – man hat die Erwartungen an Ihr naiv gesehen unangemessen hohes Gehalt geknüpft. Für das irrsinnig viele Geld sollen Sie das Unternehmen auf ein neues Fundament stellen: Neue Technologien, globale Aufstellung, Aufkaufen aller Konkurrenten – wenn Ihnen nicht noch stärkerer Tobak einfällt.

Lower Management: Drive the Enterprise!
Middle Management: Run the Enterprise!
Executive Management: Change the Enterprise!
Boss: Reinvent the Enterprise!

Jetzt ist aber auch die Zeit gekommen, in der sich Ihr Inneres meldet. Jetzt – nach vielen Jahren angepassten Strebens und Verzichts auf Ihr Ego und Ihr Ich. Sie waren Diener, Büttel und Hofschranze. Sie haben es all die Jahre der Direkt-Karriere unter härtester Arbeit geduldet und nach außen mit Begeisterung bejubelt. Sie haben Ihr Ich in einem langen Wartestand gehalten.

Jetzt darf »es« wieder raus. Ja – darf es wieder raus? Sind nicht die Erwartungen der Analysten wieder so ein Klotz am Stirnbein? Und anders gefragt: Wann darf es überhaupt einmal heraus? Erst nach der Pensionierung? Wozu war die ganze Direkt-Karriere eigentlich gut, die Sie schmissig hingelegt haben? Sie wollten Geld einheimsen und ein wichtiger Jemand sein. Geld haben Sie jetzt. Wer aber sind Sie? Was passiert, wenn Sie Ihr Ich aus dem Gefängnis entlassen? Wird es wie eine Mumie aussehen oder wie ein muffiger Zylinder? Wie ein Anzug, den die Mottenkugeln nicht wirklich retten konnten? Oder hat sich Ihr Ich heimlich in einen Racheengel verwandelt, wie es dem Grafen von Monte Christo nach dem Schatzfund geschah?

In Ihnen wird es gären. Die Eigenliebe kocht hoch. Die Macht kribbelt. Alle diese Pfeifen unter Ihnen sollen nach Ihrer Melodie tanzen.

Die große Versuchung – widerstehen Sie!

Die Versuchung:
Sie werden etwas ganz Großartiges in Szene setzen.
Die Mitarbeiter sind den sadistischen Vorgänger so leid gewesen. Er wollte den Berg bewegen, der aber mucksmäuschenstill auf der Stelle verharrte.

Er war wild wütig geworden und hatte sich verrannt. Die Shareholder fürchteten um die Rendite, die Kunden drohten, abzuspringen. Sie alle schluckten die Kröte einer großartigen Abfindung und holten zur Rettung des Ganzen Sie!

Sie sind der Heiland, die Verheißung.
Sie sind der neue Coach, der die Mannschaft wieder Anschluss an die höhere Liga finden lässt.
Sie sind der Hoffnungsträger des Aktienkurses.
Die Kunden wollen eine Modernisierung der Produkte.
Die Mitarbeiter erwarten, dass die mehrmals verschobene Gehaltserhöhung kommt.
Ihre Executive-Gefährten frohlocken voller Beförderungshoffnung, denn sie glauben, mit Ihrem Ich befreundet zu sein, das sie niemals sahen.

Sie müssen jetzt etwas Großartiges tun! Das erwarten Sie nicht zuletzt von sich selbst.

Management ist Geschehenmachen. (»Management means keeping things done.«)

So ist es in der Theorie, aber Sie haben Direkt-Karriere gemacht, die ja auf jede Wirkung im Job zugunsten der schnellen Karriere verzichtet. Sie haben Jahre der vorgetäuschten Wirksamkeit erfolgreicher und prächtiger gestaltet als Ihre Kollegen. Sie sind ganz oben, weil Ihnen dieses Vortäuschen viel besser gelang als allen anderen. Was tun Sie jetzt?

Und ich sage Ihnen jetzt so eindringlich, wie ich kann:

Lassen Sie sich nicht versuchen!

Lassen Sie sich nicht versuchen, plötzlich ohne jede weitere Vorbereitung jetzt plötzlich etwas Wirkliches tun zu wollen! Sie kennen die Erzählungen aus der russischen Gefangenschaft? Als Befreite plötzlich essen durften, es überreichlich taten und daran starben, weil der Magen doch gar kein Essen kannte und erst sachte wieder dran gewöhnt werden musste?

Ihr Ich ist zwar wild aus der Flasche befreit herausgestiegen, aber es ist ein noch verfaltetes gekrümmtes dämonisches Ich. Es will und vermag im

Prinzip, muss aber erst an wirkliches Tun gewöhnt werden. Die Vorstellung des Großartigen allein reicht nicht aus. Die professionelle Begeisterung für das Großartige, die Sie als Executive zur Meisterschaft gebracht haben, ist nicht das Erschaffen des Großartigen selbst. Hüten Sie sich, Ihrem Ich nachzugeben und zu schnell zu handeln.

Verstehen Sie das? Bitte, werden Sie jetzt nicht größenwahnsinnig. Sie sind zwar ein Boss geworden, aber »nur« einer durch Direkt-Karriere! Sie haben bisher nur für Ihre Karriere gearbeitet und nur nebenbei für Ihr Unternehmen. Von Ihren Fähigkeiten her können Sie jetzt nichts Großartiges in Szene setzen. Das haben Sie bisher einfach nicht gelernt, wenn Sie nach meinem Rat vorgegangen sind. Ich habe wieder und wieder gemahnt, nicht auf die normalen Ratgeberbücher der Idealisten hereinzufallen, die Ihnen beibringen, wie man gut arbeitet. Die haben Sie jetzt hoffentlich liegen gelassen. Und deshalb und nur deshalb sind Sie jetzt oben.

> **Der Direkt-Karrierist muss als Boss der Versuchung widerstehen, Boss zu sein. Er muss den Boss spielen.**

Wie Sie den Boss spielen, ist Ihre Sache. Sie sind der Boss und haben da einige Optionen. Welche?

→ Sie verabschieden sich von Ihrer Direkt-Karriere und werden ein guter Boss.
→ Sie setzen sich persönlich pompös in Szene, verkaufen sich großartig nach innen und außen und überlassen das Unternehmen Ihren Executives, im Prinzip also Ihren Mitarbeitern (»Buzz«).
→ Sie drehen ganz schnell ein ganz großes Rad und hoffen, dass Sie Glück haben (»Hazard«).

Im Grunde haben Sie die Freiheit, zu tun und zu lassen, was Sie wollen. Sie haben einen Fünf-Jahres-Vertrag mit fetten Pensionen und Abfindungen für den Fall, dass Sie fallen. Sie sind also für jeden Fall abgesichert. Sie könnten also wirklich sogar auf die Idee kommen, nun ein echter, guter Boss zu werden. Dann müssen Sie erstmals die anderen Ratgeber lesen! Klappen Sie dieses Buch zu. Ich wünsche Ihnen alles Gute! Sie sind ja abgesichert!

Ich würde das wohl nicht tun ... ich stelle es mir schwierig vor. Ich wüsste als gewesener Executive ja jetzt, dass unter mir als Boss fast alle verrückt spielen und nur wenige wirklich arbeiten. Wie würde ich mit diesem Wissen umgehen? Würde ich da nicht doch der Rächer werden? Verbittern oder ausrasten? Aber dann wäre ich eben kein guter Boss ... Manche scheinen zur Gedächtnislöschung die Firma zu wechseln, aber dieses Buch wird auch dort gelesen ...

Ich empfehle, der Versuchung zu widerstehen und mit den Strategien der Direkt-Karriere fortzufahren. Ich spreche folglich mit Ihnen die beiden anderen Optionen (»Buzz« oder »Hazard«) durch. Die Buzz-Strategie ist mittelfristig ausgelegt und relativ stressfrei. Sie setzen sich im Grunde als Boss schon vom ersten Tag an zur Ruhe und pflegen rhetorisch brillant ihr Image. Sie können wieder Golf spielen und jeden Tag ein Festdinner haben – wie Sie möchten. Damit bereiten Sie sich schon prächtig auf das Leben nach der Pensionierung vor. Es gibt kaum einen Bruch, wenn Sie irgendwann nicht mehr offiziell arbeiten, aber im Aufsichtsrat weiterreden wie bisher und danach gut essen.

Die andere Strategie setzt vieles oder alles auf eine Karte. Sie spielen mit dem Unternehmen va banque (»riskantes Spiel um alles oder nichts«). Sie verkaufen es und sacken Millionen ein, sie kaufen Wettbewerber und werden mächtiger, Sie tricksen die Analysten aus und verleiten sie zu Aktienempfehlungen. Sie spielen im Grunde etwas Großartiges vor. Dabei geht es Ihnen nicht um den Beifall wie früher, als Sie Executive waren, sondern um den ganz großen Coup.

Neulich las ich im *Handelsblatt* einen anklagenden Artikel gegen Manager überhaupt. Das ist ja Mode bei denen, die keine Ahnung von Direkt-Karriere haben. Der Autor zürnte, dass die Bosse nicht arbeiten würden, sondern nur auf »Chance, Fate, Luck & Magic« vertrauen. Aber klar!

Be magic through buzz.
Provoke the mega chances.
Tempt your fate.
Hazard and try your luck.

Hype-Surfing

Schauen Sie in den Markt. Dort gibt es Themen, die jeden Tag in der Presse breitgetreten werden. »Wissensgesellschaft«, Nanotechnologie, Flashspeicher-Laptops, Globalisierung – was immer es ist. Da flammt die richtige Begeisterung auf! Die Journalisten verstehen gleich, worum es dabei geht. Dann rennen sie los und schreiben Artikel. Davon leben sie! Sie müssen den Knüller zuerst bringen. Deshalb rennen sie wie 100-Meter-Läufer jeder Neuigkeit nach, die Begeisterung erzeugen könnte. Da es so viele sind, kommen bei diesem Wettrennen um die neue Begeisterung ziemlich viele Journalisten oder Reporter in etwa gleichzeitig an. Bankenkrise, weil keiner wusste, was Risiken sind! Und sie fragen nun jeden, der es auch nicht weiß: »Was ist Risiko? Was kann man dagegen tun?« Die Antwort ist – weil man noch keine Lösung weiß – immer die Absichtserklärung, das Problem zu lösen: »Wir führen Risikomanagement ein.« Jetzt fordern alle Risikomanagement! In jeder Zeitung: »Risikomanagement löst die Probleme!« Darüber schreiben die Journalisten nun eifrig, bis einer fragt: »Was ist eigentlich Risikomanagement?« Das ist schon eine Stufe weiter als die Frage: »Was ist Risiko?« Die ist inzwischen zwar nicht beantwortet worden, aber es wird jetzt diskutiert, wie das Risiko wegkommt. Wenn man das schafft, muss man nicht wissen, was es ist. Man behandelt Risiko eben wie eine unklare Krankheit mit Standardmitteln und hofft.

Dieses Aufflammen für ein Thema wird mit Hype bezeichnet. Hype ist »unangemessen euphorischer Werberummel« um eine Idee oder ein Produkt.

Globalisierung! Outsourcing! Hirnerweiterungsfestplatten! Schönheitsoperationen auf Kassenkosten! Wissensgesellschaft! Mehr Bildung!

Die Begeisterung ist groß, aber leider ist die dahinterstehende Aufgabe immens. Es ist nie so, dass die fertigen Produkte gleich nach der Begeisterung am Markt zu kaufen sind.

Die Gartner Group, der bekannteste IT-Trendsetter, hat vor Jahren die heute weltbekannte Hype Curve zur Erklärung eingeführt.

Gartner Hype Curve

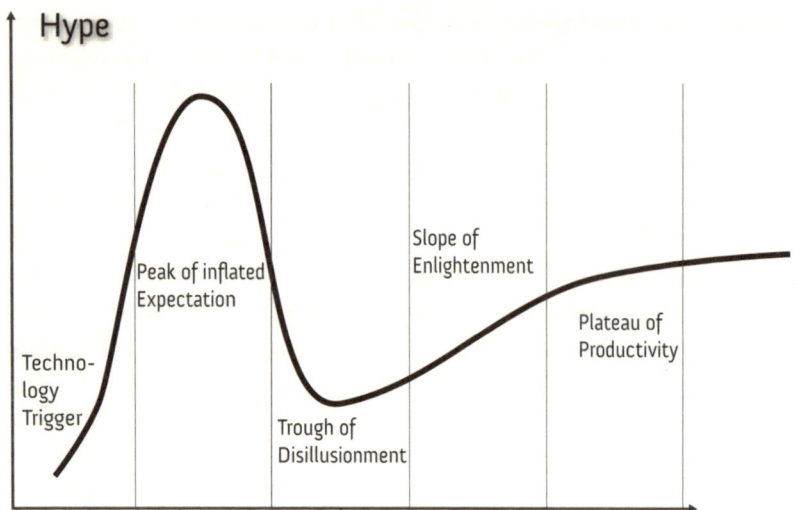

Quelle: Gartner, Inc.

Die Kurve betrachtet den Hype über die Zeit. Am Anfang hat jemand eine neue technologische Idee. Dann kommt der Presserummel, der Hype. Alle überschlagen sich vor Begeisterung. »Das erste Navigationsgerät ist da!« Dann probieren alle das Neue aus. Es funktioniert noch nicht gut, alle sind desillusioniert. »Meine Straße ist nicht drin. Ich bin falsch in einen Waldweg geführt worden.« Daran lernen die Produzenten, ihnen geht ein Licht auf (»Enlightenment«) und sie bauen schließlich etwas wirklich Taugliches. Der Hype stürzt vollkommen ab, wenn die Ersten sagen, es tauge nichts. Danach, wenn die Geräte funktionieren, wird wieder in der Presse berichtet, aber der Hype ist nie mehr so groß wie in dem Stadium, als nur die Idee da war und noch nichts gebaut. Wenn Navis serienmäßig im Auto zu finden sind, ist das Navi eben da – da ist kaum noch Begeisterung zu spüren.

Die echte harte Arbeit findet in der Phase zwischen der Desillusion und dem langsamen Erkennen statt.

Denken Sie an den Internet-Boom zurück. Eine Manie brach aus, die »Dot.Com-Mania«. Aus winzigsten Ideen wurden Business-Pläne geschmiedet, globale Firmen aufzubauen. Dafür gaben die begeisterten Investoren ihr letztes Hemd. Sie waren durch die Journalisten mit deren Begeisterung angesteckt worden. Der Hype war so groß wie nie! Es gab so viele neue Ideen, dass die Reporter und Zeitschriften gar nicht ausreichten. Die Leser wollten mehr! Neue Zeitschriften wurden am Fließband entwickelt und aus Druckmaschinen gerissen. Wer sie als Erster las, konnte an der Börse reich werden. Ein Königreich für einen Tipp! Danach sah man, wie viel Arbeit eine Internetfirma bedeutet. Diese Arbeit haben Amazon, Yahoo, Ebay oder Google Tag für Tag auf sich genommen. Der Rest implodierte, als Begeisterung und leichtes Geld allein nicht mehr reichten. Die Blase an der Börse platzte. Das Gleiche sahen wir dann im Finanzwesen mit der Weltfinanzkrise, als plötzlich klar wurde, dass die Begeisterung abflaute, immer noch ärmeren Menschen Kredite zu gewähren.

Und jetzt kommt, was ich damit sagen will:

⌐ **Das wirklich große Geld wird mit Begeisterung in einer Hype-Phase gemacht, nicht mit Arbeit!**

Die Kunden zahlen wie dumme Lemminge alles, wenn sie begeistert sind. Internet-Aktien oder Junk-Bonds – ganz egal!

⌐ **Der Direkt-Karriere-Boss erzeugt Gewinn durch Begeisterung und geht davon, wenn die Arbeit beginnt.**

Dieses offensichtliche Erfolgsrezept wird den Topmanagern oft aggressiv zum Vorwurf gemacht. Man schilt sie Betrüger und stellt sie in eine Ecke mit Kriminellen. Dabei geht es doch um viel Geld! Dieses Geld stammt von Menschen wie Sie und ich, die nur von der Begeisterung in der Zeitung lesen, aber nicht die Realität der Arbeit hinterher kennen. Das liegt daran, dass die harte Wirklichkeit nicht interessant ist – eigentlich erst dann wieder, wenn sie so hart ist, dass man sie also Katastrophe wieder genießen kann. Deshalb sehen wir von der Welt in den Medien nur das Interessante – und das sind nur die Highlights, also die absoluten Höhen und Tiefen: die Begeisterung und die Verzweiflung. »Himmelhoch jauchzend, zu Tode betrübt.« Mit diesem Satz ist am besten der Wechsel zwischen der Manie und der Depression bezeichnet. Und der Boss entfacht die Manie oder er ist wenigstens prominent dabei, klar?

Anleger kaufen nicht nach Vernunft, sondern nach Begeisterung. Wenn die Begeisterung abflacht, verkaufen sie sogar ihre Anteile – also dann, wenn die Hoffnung vielleicht sogar aufgeht. Dieses Verhalten muss zur Erzielung von Shareholder-Value ausgenutzt werden. Keine Arbeit, keine Mühe dieser Welt wird so sehr von Anlegern honoriert wie die Begeisterung.

Das gilt nicht nur für Firmen oder Produkte! Es gilt auch für Sie. Ich habe das schon einige Male hervorgehoben: Sie werden nicht für Leistung befördert, sondern für Ihr Potential, also für das große Mögliche, dass Ihnen zugetraut werden kann. Deshalb hat die Direkt-Karriere so sehr viel mit dem Hype oder Rummel um Sie selbst zu tun und viel weniger mit Ihrer Arbeitsleistung!

Auf welchen Hype wollen Sie denn springen?

Denken Sie laut vor der Presse nach, ob Sie globalisieren sollen, den Mitbewerber aufkaufen, die Firma in Einzelteile zerschlagen oder eine Billiglohnfirma ausgründen, die nur Akademiker beschäftigt. Achten Sie dabei auf die Reaktionen der Journalisten. Sind die bei Einzelpunkten begeistert? Wenn ja, tun Sie entschlossen sofort dies. Sonst sondieren Sie weiter.

Sie müssen diesen Schachzug genau an dem Tag verkünden, an dem die Hypekurve auf der höchsten Höhe des Schwindelns ist. Das Volk wird mit Palmenwedeln den Einzug verkünden, auch wenn nur ein Esel allein kommen wird. Alle sind jetzt ganz verblendet.

Hazard – Risiko!

Das Ziel des Bosses ist es, den Aktienkurs einen einzigen Tag, ja nur eine einzige Minute auf einen Höchststand zu treiben. Damit hat er Wert geschaffen, zumindest für sich selbst. Das möchte ich kurz erklären.

Es ist üblich, Bosse mit Optionen zu bezahlen. Angenommen, Sie werden Boss in einem Unternehmen, dessen Aktienkurs bei 100 Euro steht. Sie erhalten einen üblichen Fünf-Jahres-Vertrag und dazu eine Million Optionen zum Ausübungspreis von 125 Euro für fünf Jahre. Das heißt: Sie haben das Recht, dem Unternehmen zu jeder Zeit in den nächsten fünf Jahren eine Million Aktien für 125 Euro abzukaufen. Klar? Das macht nur Sinn, wenn der Börsenkurs höher als 125 Euro liegt, dann stoßen Sie die für 125 Euro gekauften Aktien sofort an der Börse mit Profit ab. Optionen sind dazu gedacht, Sie als Boss anzuspornen, gute Arbeit zu leisten. Das Unternehmen will Sie dazu anreizen, so gut zu arbeiten, dass Sie den Börsenwert der Aktie über 125 Euro hieven werden. Dann sind Ihnen die Aktionäre dankbar und gewähren Ihnen also einen Gewinn von einer Million Euro pro Euro, den der Börsenkurs der Aktie über 125 Euro steigt.

> Es ist sehr viel Arbeit, den Aktienkurs um 25 Prozent nachhaltig zu steigern. Es ist viel leichter, den Aktienkurs nur für einen einzigen Tag 25 Prozent höherzureden.

Wenn Sie mit den Optionen Geld scheffeln wollen, ist es egal, ob der Kurs immer oder ob er nur eine Minute hoch steht (wenn Sie Ihre Optionen in dieser Minute ausüben und sofort die Aktien zum hochgejubelten Kurs verkaufen). Sie müssen hart arbeiten, um den Kurs nachhaltig zu steigern. Für das einmalige Ansteigen des Kurses reicht ein Hype. Sie kündigen irgendetwas an, was die Begeisterung hochschießen lässt. Dann muss irgendwann daran gearbeitet werden und der Kurs sinkt wieder.

> Der Kurs einer Aktie steigt und fällt nicht mit ihrem Wert (der enthaltenen Arbeit), sondern mit dem Hype oder der Begeisterung für die Aktie. Genau wie ein Manager wird eine Aktie nicht nach dem Wert, sondern nach ihrem Potential gehandelt. Es ist deshalb hilfreich, die eigene Karriere wie eine Aktie zu betrachten.

Sie sollten sich also als Boss viele Optionen geben lassen und Hype-starke Maßnahmen verkünden (nicht: ergreifen), zum Beispiel:

→ die Wettbewerber aufkaufen (Synergie – das Ganze ist wertvoller als die Teile)
→ die Firma zerschlagen (die Einzelteile sind wertvoller als das Ganze)
→ in neue Geschäftsfelder gehen, nach China!
→ sich auf alte Geschäftsfelder zurückziehen, wo trotz Dauer-Agonie immer noch Profit erzielt wird (Kernkompetenz)

→ neue ausländische Märkte erschließen, nach Vietnam!
→ Verkauf der Auslandsgesellschaften, die zu wenig bringen!
→ die Macht in der Zentrale zusammenführen (Schlagkraft auf die Mitarbeiter erhöhen und die Organisation disziplinieren)
→ konsequente Dezentralisierung (kreative Energie und lokalen Unternehmensgeist freisetzen)
→ sich von einem Wettbewerber überteuert aufkaufen lassen (»Vorschläge für mehr als 125 Euro sind hochwillkommen, vorzugsweise gleich nach einem Tag, wo wir hier neue Optionen bekommen.«)
→ das Unternehmens-Logo ändern
→ ein neues Unternehmensmotto verkünden

Bevor Sie einen solchen Plan fassen, stimmen Sie ihn vorher mit der Presse ab. Testen Sie deren Begeisterung. Testen Sie danach die Großaktionäre.

Denken Sie nicht viel über Kunden oder Produkte nach! Die Begeisterung der Kunden bringt nie so viel Geld wie die Begeisterung der Shareholder oder der Presse. Für die Kunden und Produkte sind Ihre Mitarbeiter da.

Wenn die Begeisterung der Öffentlichkeit gelingt, üben Sie die Optionen aus und verlassen das Unternehmen. (»Wegen privater Umstände überlasse ich dieses Unternehmen meinem fabelhaft guten Nachfolger. Er übernimmt ein bestelltes Feld. Ich gehe stolz mit hocherhobenem Haupt. Ich habe alles richtig gemacht. Ich bin stolz auf dieses Unternehmen. Ich klebe nicht an der Macht, auch nicht an meinen Optionen, die ich ja schon ausgeübt habe. Ich brauche eine Auszeit, werde aber später wieder in die Wirtschaft zurückkehren. In welcher Position, ist noch unklar – ich will unbedingt wieder eine so erfüllende Tätigkeit ausüben, wie sie mir hier vergönnt war. Ich will mich noch nicht festlegen, aber ich möchte für meine neue Zukunft Optionen haben …«)

Buzz und Bingo!

Sie müssen zur Vorbereitung des großen Schlages, mit dem Sie den Aktienkurs hochschießen, alle Schlagwörter des Managementkauderwelschs beherrschen. Das verlangt einige Übung und die ständige Aktualisierung. Sie können sehr viel lernen, wenn Sie bei Präsentationen Ihres Executive-Managements ab und zu aufhorchen, wenn neue Schlagworte erscheinen. So viele sind es ja nicht, aber die Moden wechseln, damit nicht jeden Tag das Gleiche geredet werden muss. Immerhin ist die Sprache des Managements reichhaltiger als die der Politik. Unsere Volksvertreter müssen sich an enge Vokabularien rund um Sicherheit, Ordnung, Soziales, Frieden, Wohlstand und Bildung anlehnen. Manager haben mehr Optionen, weil sie dem Volk nicht so sehr nach dem Mund reden müssen. Sie können genauso gut über die Köpfe hinweg reden. Außerdem können die Manager auf zwei ganz andere Sprachen zurückgreifen:

→ das Amerikanische
→ Abkürzungen aller Art

Das Amerikanische ist schwungvoll, optimistisch und nichtssagend, aber sehr, sehr treffend. Die Abkürzungen sind für die meisten Zuhörer unbekannt, weil Ihre Organisation hoffentlich andauernd die Namen ändert, um einen ständigen Change vorzutäuschen (das hilft dem Aktienkurs).

Reden Sie am besten in amerikanischen Abkürzungen!

Inhaltlich sind Sie wie ein Politiker beschränkt:

→ Der Umsatz muss steigen.
→ Die Kosten sollen sinken.
→ Die Produkte sollen neu und teuer sein und weggehen wie warme Semmeln.

Geben Sie dazu immerfort ein neues Motto aus, etwa

→ Let's win the World!
→ Step up!
→ Innovate!
→ Challenge!
→ Improve!
→ Ethical Management!
→ Initiative!

→ Integrity!
→ People Care!
→ Client Care!
→ Business Transformation NOW!
→ Collaboration!
→ Change forever whatever!
→ Go risk!
→ Go east!
→ Double Digit Growth!
→ Roadmap to Success!
→ Sustainability!
→ Resilience!
→ TEAM!!
→ Quality! Total Q!
→ Driven by Excellence!
→ War of Talent!
→ Aggressive Achievers!
→ The World is waiting for us!
→ The World is not waiting for us!
→ 6 Sigma!
→ Wow!
→ Ultimate Efficiency!
→ Trust!
→ Add Value to the Customer!
→ Increase Share!
→ Fight!
→ Close all Gaps!
→ Sell! Sell!! Sell!!!

Sie sehen, dass diese Leitsätze sehr kurz und prägnant gehalten sind und die Mitarbeiter stark motivieren. Sie müssen sehr kurz sein, weil sie auf Kaffeetassen gedruckt werden sollten. Wählen Sie schwarze Pötte, die nicht immer ausgewaschen werden müssen. Denken Sie an Ihre Mitarbeiter. Die Aufschrift sollte rot sein, nicht weiß. Business ist schwarz-rot, oder? Politik vielleicht eher schwarz-weiß. Mitarbeiter sind oft zynisch, wenn Sie in Ihren Reden immer Wörter wie Innovation und Excellence verwenden. Das lieben sie nicht, weil es zu verpflichtend für sie klingt. Aber auf Kaffeepötten nehmen sie es hin. Wegen der Kaffeetassen sind Sprüche wie »Sparen!« nicht richtig gut. Gewaltaktionen finden nur statt, sie werden nicht besprochen.

Versuchen Sie möglichst in solchen optimistischen Vokabeln zu reden. Das ist nicht einfach! Das macht nichts, weil Sie als Boss ja Pressesprecher oder Assistenten haben, die Ihnen die Reden schreiben können. Sie lesen dann alles auf dem Monitor vor Ihnen im Bühnenboden ab. »Wir stretchen die Keyaccounts durch Must-improve Margins. Die Re-Org greift. Das Better-Future-Projekt ist ein ongoing Success. Alle KPI's sind in place und up. Die CSF's sind challenging. Wir changen alles im Secrecy-Mode. Codename ist BABEL. Niemand darf merken, was wir verändern, weil das die Competition alerten wird.«

Ihre Zuhörer verstehen davon fast nichts. Das ist nicht wichtig, weil sie nur beeindruckt werden müssen und vor allem optimistisch gestimmt werden sollen. Es ist in letzter Zeit üblich geworden, dass sich insbesondere Mitarbeiter, die schon viele unverständliche optimistische Reden gehört haben, während der Reden dem ergötzlichen Zeitvertreib des Buzzword-Bingo hingeben.

Die IBM hat im Jahre 2007 in einem Werbespot das Spiel Buzzword-Bingo weltberühmt gemacht. Wollen Sie einmal schauen? Geben Sie Buzzword-Bingo bei Google ein, der Spot ist »überall«, zum Beispiel hier: *http://de.youtube.com/watch?v=ZIxcxfL5jas.*

Jeder Teilnehmer an einer Konferenz bekommt heimlich ein Kärtchen zugesteckt, auf dem ein Buzzword steht. Wenn ein Redner dieses Buzzword benutzt, muss der Teilnehmer mitten im Publikum aufstehen und ganz laut »Bingo!« rufen. Die meisten schämen sich dann aber doch und halten den Mund. Sie erfreuen sich nur an der Möglichkeit, dass sie Bingo hätten rufen können! Sie schlafen auch nicht mehr bei den Reden ein, weil sie auf das Wort auf dem Kärtchen warten müssen.

Sie sehen an solchen sarkastischen Aktivitäten, dass es für Bosse vollkommen normal ist, alles durch solche Buzzwords auszudrücken. Es wird eben achselzuckend oder resigniert lächelnd hingenommen. Bei Politikern beobachtet man kaum Buzzwords, weil die ja in der Landessprache reden müssen, und zwar verständlich und ohne Abkürzungen. Die Politiker dreschen mehr platte Phrasen und babbeln auf Gemeinplätzen. In jedem Fall reicht das Beherrschen von Buzz und von Motherhood-Statements (»Selbstverständlichkeiten« mit wichtiger Miene anbringen) für eine

Direkt-Karriere vollkommen aus. Unverständliche Abkürzungen und Amerikanismen oder billige politische Allgemeinparolen leisten dasselbe: Sie haben eine Rede gehalten und sich einmal wie ein König auf dem Balkon gezeigt. Der König hat es am besten, der muss nur winken und dadurch seine Huld zeigen.

Testen Sie geduldig alle Buzzwords auf Wirkung. Es kommt manchmal vor, dass eines die Zuhörer elektrisiert. Das ist »magic«. Dafür sollten Sie sensibel sein. Es kann sein, dass Sie dann eine Goldmine gefunden haben. Können Sie auch die Aktionäre damit elektrisieren? Jetzt könnten Sie den entscheidenden Hebel ansetzen, den Aktienkurs zu hypen. Es muss nur ein einziges Mal klappen! Dann rufen Sie: Bingo!

Und eine Schlussbemerkung: Richtig gute Bosse erfinden den neuen Hype selbst. Wenn Ihnen einer einfällt, umso besser. Es gibt wieder eine Menge Ratgeberbücher, die Ihnen zeigen, wie Sie das machen. Letztlich müssen Sie daran hart arbeiten (das verheimlichen die Ratgeber grundsätzlich) und Glück haben (das lässt sich nicht erzwingen, auch nicht durch Lesen). Ich beschränke mich hier nur auf leicht Praktikables, was eine Direkt-Karriere schon vollkommen friktionsfrei ermöglicht.

Sehen Sie: Buzzwords von anderen einmal probeweise nachzubabbeln ist ganz ohne Risiko und verpflichtet zu nichts. Sie können es bei Misserfolg morgen wieder lassen. Aber wenn Sie eines selbst erfinden, ist es Ihr Baby, das bleibt Ihnen. Sie werden es nicht so leicht los, weil Sie auf Ihre ganz eigenen Thesen natürlich festgenagelt werden. Bitte widerstehen Sie der Versuchung!

Buzz für Mitarbeiter

Als Boss müssen Sie nebenbei die Mitarbeiter motivieren und die Executives regieren. Das geschieht bei Mitarbeitern über die Kommunikation und bei Executives über das Topmanagement-Meeting. Ich beginne mit dem Motivieren.

Grundsätzlich gibt es zwei Arten: Lob und Tadel, Belohnung und Strafe, Hymne oder Strafpredigt. Bitte widerstehen Sie wiederum der Versuchung, es komplizierter zu sehen. Die meisten Ratgeber wollen Sie zu emotionaler Intelligenz, zu Coaching, Entwicklung für alle und Nettsein überreden.

Das ist selbstredend entsetzlich viel Arbeit! Nutzen Sie einfach wieder die Urkraft der Neurose.

Wenn Sie die Mitarbeiter positiv begeistern wollen, also loben und »entzünden«, können Sie das am besten durch gespielte Manie. Wenn Sie die harte Tour fahren wollen, inszenieren Sie sich in einer Art Personenkult selbst und erscheinen wie der strafende Gott. Wenn Sie in der jeweiligen Art einmal merken, zu weit gegangen zu sein, nutzen Sie kurz die andere Richtung. Wenn Sie also zu sehr begeistern, schauen sich die Zuhörer bedeutungsvoll an, als würden sie jetzt an Ihrem Verstand zweifeln. Dann streuen Sie Härten ein. Wenn Sie merken, zu kaltherzig und verletzend zu werden, greifen Sie zu einem guten Wort zwischendurch. Man sagt »Zuckerbrot und Peitsche« dazu, aber im Grunde sollten Sie sich auf eines spezialisieren. Es sind einfach zwei verschiedene Attitüden, das manisch Begeisterte und das kalt Narzisstische. Das Manische feiert ja die Idee, die begeistern soll: die Vision oder das neue Produkt. Das kalte Narzisstische feiert Sie selbst. Halten Sie das bitte auseinander. Vermischen Sie es nicht.

Beginnen wir mit der positiven Motivation: Mitarbeiter werden zeitgemäß mit E-Mails oder durch Reden in einem großen Kongresscenter begeistert. Dazu wäre es schön, wenn Sie selbst das große Charisma hätten, das viele so anbeten. Ja, es gibt ungefähr null Prozent der Bevölkerung, die Charisma haben. Es gibt viel mehr Unternehmen im Land als Leute mit Charisma und wir können also hochwahrscheinlich annehmen, dass Sie selbst keins haben. Trotzdem müssen Sie die Mitarbeiter begeistern. Sie lassen sich dazu Reden vom Kommunikationschef anfertigen, der wieder von einem, der so etwas kann.

Spicken Sie Ihre Rede mit den üblichen Buzzwords. Die müssen unbedingt vorkommen. Das erwarten die Mitarbeiter. Sie glauben nicht wirklich daran, wenn Sie diese Buzzwords verwenden, aber es würde sie stören, wenn sie fehlen würden. Mitarbeiter sind die Standardbegeisterungen gewöhnt und werden misstrauisch, wenn andere Untertöne in Reden mitschwingen. Unterlassen Sie also jede Kreativität. Schimpfen Sie also bei vorgelegten Reden mit dem Kommunikationschef: »Wie wagen Sie es, IHRE persönliche Note im Redetext letztlich mir in den Mund zu legen?!« Mit diesem einmaligen Tadel zwingen Sie ihn ein für alle Mal, nur noch Phrasen zu liefern. Damit ist er übrigens zufrieden.

Hier einige Pflichtbuzzwords, die Sie voller Emphase vortragen sollen. Kaufen Sie eine schöne bekannte TV-Moderatorin, die Sie schwungvoll auf die Bühne bittet, dann müssen Sie nicht selbst für Heiterkeit sorgen.

→ Mitarbeiter sind das wertvollste Gut.
→ Arbeit soll Spaß machen.
→ Bei voller Potentialausschöpfung ist das Unternehmen unschlagbar.
→ Das Unternehmen entwickelt Mitarbeiter optimal.
→ Noch ein bisschen begeisterter – und wir bauen unseren Status als Nummer eins noch weiter aus.
→ Wir haben die besten Produkte und müssen sie nur noch verkaufen.
→ Jeder Mitarbeiter ist ein Unternehmer im Unternehmen.
→ Das Unternehmen fördert eigenes Handeln und erlaubt eigenes Denken.
→ Fehler sind nicht schlimm, wenn sie zum Erfolg führen.
→ Jeder Mitarbeiter ist stolz auf die Firma und redet davon in der Freizeit.
→ Das Unternehmen bemüht sich um die Mitarbeiter.
→ Geld motiviert nicht so sehr wie Maßnahmen, die statt der Gehaltserhöhung beschlossen wurden: kostenlose Blutdruckmessung und Impfen gegen Burn-out.
→ Danke für die Überstunden und den unermüdlichen Einsatz.
→ Der Erfolg des Unternehmens liegt in der Hand der Mitarbeiter.
→ Wir setzen auf Sie!

Kennen Sie das? Es ist in etwa das Statement, dass Sie als Boss an die Theorie Y glauben. Theorie Y ist das am Anfang des Buches erwähnte Menschenbild, dass Mitarbeiter gerne arbeiten wollen und in den Ergebnissen ihrer Arbeit Erfüllung finden. Inhaltlich sagen Sie als Glaubensbekenntnis nur dies. »Ich stehe für Y.«

Diese Aussage spricht fast allen Mitarbeitern aus dem Herzen und erfreut sie. Sie denken: »Wenigstens der Boss ist okay, wo alle anderen Manager das zynische Menschenbild X in ihrer schwarzen Seele tragen.« Die Theorie X glaubt, dass Menschen nur unter der Knute arbeiten. Als Boss sind Sie so weit oben in der Hierarchie, dass es keinen Schaden gibt, wenn Sie die Mitarbeiter mit einem Bekenntnis zu Y beglücken. Die Mitarbeiter sehen nun einen Hoffnungsstreif am Horizont und fühlen sich mit Ihrer Ansicht nicht allein. Sie werden durch Ihre Rede in der Seele gestärkt und akzeptieren die anschließende unveränderte Knute des unteren Managements wieder einige Zeit klaglos, weil sie jetzt hoffen. Durch die Y-Begeisterung desavouieren Sie natürlich alle unteren Manager, alle mittleren Manager und Executives, weil die ja Theorie X vorleben. Sie führen sie also vor den Mitarbeitern vor. Das demonstriert Stärke und Macht. Die Mitarbeiter hassen die Arbeit und lieben Sie und damit auch das ganze Unternehmen.

> **Mitarbeiter sind schon völlig zufrieden, wenn Sie als Boss vorgeben oder sich erkennbare Mühe geben, an den Menschen an sich zu glauben.**

Genauso gut können Sie negativ motivieren: Inszenieren Sie Ihre Ego-Auftritte. Lassen Sie einen Senior Executive Vice President vor Ihrer Rede demütig erklären, warum Sie als Boss den weiten Weg auf sich genommen haben, um mit den Mitarbeitern zu reden: Es geht um Mehrleistung, die Sie einfordern wollen. In der Einladung zur Veranstaltung hatten Sie Dresscode »Black Business« angeordnet.

Nutzen Sie jetzt klar und eindeutig das X-Vokabular:

→ Das Ergebnis ist nicht gut.
→ Es fehlt an Engagement jedes Einzelnen, auch der Manager.
→ Es gab Schwierigkeiten, weil Einzelne im Urlaub nicht erreichbar waren.
→ Viele Büros sind an Brückentagen leer.
→ Es mussten wieder viele Verschwendungen festgestellt werden.
→ Wegen angeordneter Audits wird zu harter Compliance aufgefordert.
→ Laschheiten sind inakzeptabel.
→ Es muss selbstverschuldete Entlassungen geben.
→ Loser und Low Perfomer werden nicht geduldet. Die Leistungsträger dürfen nicht unter dem mangelndem Willen der anderen leiden.
→ Es wird in begründeten Fällen Gehaltsanpassungen geben – nach oben und unten.
→ Viele der getroffenen harten Maßnahmen kamen unten nicht an. Daher wird die Härte gesteigert werden. Neue Prozesse werden eingeführt, um Disziplin zu schaffen.
→ Mitarbeiter sind der höchste Kostenfaktor im Unternehmen, mit dem sparsam umgegangen werden muss.
→ Auslastung ist das höchste Gebot.
→ Es ist keine Zeit für Gefühle.

Viele Bosse sind hin und her gerissen. Die erste Methode ist weicher und angenehmer. Die zweite finden Sie wahrscheinlich ehrlicher, weil Sie ja früher Antreiber, Zahlenmanager und Executive waren. Sie selbst haben ja bis jetzt auch nur Direkt-Karriere gemacht und die echte Mitarbeit nur so weit wie nötig betrieben. Sie haben NUR Ihr Potential erhöht, ohne zuerst an das Unternehmen zu denken. Deshalb müssen Sie eigentlich den Mitarbeitern gehörig misstrauen. Gut – dann werden Sie also zum harten Boss! Das geht auch.

Es geht wirklich. Die meisten Ratgeberbücher propagieren einen authentischen Y-Ansatz. (Ich rate Ihnen ja hier zu einem perfekt inszenierten Y-Einsatz, wenn Sie überhaupt positiv motivieren wollen. Ich sage bewusst an keiner Stelle, Sie sollten authentisch sein! Das wäre ganz verfehlt, weil Sie ja Direkt-Karriere machen. Da dürfen Sie gar nicht authentisch werden.) Es wird in der Literatur weithin bestritten, dass die Theorie X gut funktioniert, obwohl sie faktisch überall die Grundlage des Managements bildet. Wie geht das zu, dass etwas weithin Verteufeltes so verteufelt gut in der Praxis zum Erfolg führt?

Ich gebe eine auf den ersten Blick unglaubliche Erklärung für diejenigen unter Ihnen, die nicht gerade Psychologie studiert haben:

Mitarbeiter können seelisch eigentlich nicht in einem Unternehmen existieren, dass sie wie Sklaven behandelt und als wortwörtliche Humanressourcen inhuman herumschubst. Sie entwickeln deshalb einen starken primären Hass auf das Unternehmen und auf den Boss, also Sie. Psychologisch gesehen führt das zu Problemen, weil sie für den Hass hart bestraft werden, wenn er im Management erkannt wird. Vor allem aber können sie selbst mit dem Hass in einer vergifteten Seele schwer leben und arbeiten. Sie leiden unter entsetzlicher Ohnmacht und selbstzerfleischenden Vorwürfen, nicht woanders eine Arbeit zu suchen. Der Hass darf also nicht sein. Deshalb müssen sie alles tun, um diesen Hass zu unterdrücken und zu verdrängen.

Dies gelingt am besten mit der Liebe zum Unternehmen und zur eigenen Arbeit! Das klingt für Laien wahrscheinlich erstaunlich. Liebe zum Unternehmen! Zur Arbeit! In der Psychoanalyse nennt man so etwas eine »Reaktionsbildung«. Man kehrt Wahrheiten um, weil man mit den Lügen besser leben kann. So sagt ein mit Freundin erwischter Ehemann zur Frau: »Ich liebe dich doch!« Und er glaubt das auch, weil er damit besser leben kann.

In dieser Weise formt das Behandeln den Mitarbeiter innerpsychisch um. Er wird so: »Ich lebe in einem Unternehmen, wo es oft hart zur Sache geht. Das System ist schrecklich und behindert mich bei der Arbeit. Es gibt viele Sinnlosigkeiten, die mir somatische Störungen und Stress eingetragen haben. Ich halte es kaum aus. Immerhin habe ich eine Arbeit. Wenn ich allein arbeite, bin ich glücklich. Ich liebe meinen Job. Mein Unternehmen ist groß und hat einen guten Ruf. Viele beglückwünschen mich, in einem so guten Unternehmen zu arbeiten. Das tut gut. Offenbar geht es anderen schlechter. Manchmal denke ich, ich sollte bei anderen großen Unternehmen arbeiten, die für mich von außen besser aussehen. Aber wenn ich einen von denen frage, schimpft er über das dortige System. Das beruhigt mich sehr. Ich glaube, ich habe eine gute Firma.«

In dieser Weise wird der Hass langsam verdrängt. Er verwandelt sich in Liebe zum eigenen Job und zum eigenen Unternehmen. Diese Liebe und auch der Stolz sind die Überlebensgrundlage. Der Mitarbeiter lobt nun seine Arbeit und sein Unternehmen, um sich selbst vom Hass zu befreien. Er kann jetzt nicht mehr vom System wegen seines Hasses bestraft werden. Er liebt zwar nicht das System (so weit schaffen es kaum irgendwelche Mitarbeiter, das wäre eine zu große Lebenslüge), aber doch das Unternehmen und seine eigene Arbeit und damit wieder ein bisschen sich selbst.

Es ist wie beim untreuen Ehemann, der »seine Frau liebt«, und zwar ganz pauschal. Wenn man ihn fragt, was genau er an ihr liebt, wird er nichts zu antworten wissen. Er hasst sie ja in Wirklichkeit. Er lässt also logisch kein gutes Haar an ihr, aber insgesamt liebt er sie vorgeblich. So ist es mit dem Mitarbeiter: Er lässt kein gutes Haar am System, aber er liebt pauschal das Unternehmen als Ganzes.

> **Großer Hass kann nur ertragen werden, wenn er innerpsychisch in Bewunderung oder Liebe verkehrt wird – wie beim Stockholm-Syndrom: Da liebt die Entführte den Verbrecher, weil sie um ihr Leben fürchtet, wenn sie sich ihren echten Gefühlen hingibt.**

Ganz harte selbstinszenierende Narzissten schaffen es als Bosse in der Wirtschaft, so hart und kalt zu erscheinen, dass sie öffentlich schon fast wieder bewundert werden. Wenn Ihnen das gelingt, können die Mitarbeiter ihren Hass auf Sie dadurch verdrängen, dass sie schließlich Sie lieben, also nicht nur das Unternehmen, sondern Sie! Das ist wieder eine Versuchung für Sie, so etwas zu betreiben. Widerstehen Sie! Es reicht, wenn Mitarbeiter mit dem Hass fertig werden – wie genau, sollte Ihnen egal sein. Wenn Sie den Hass nicht wollen, predigen Sie die Y-Theorie, das geht doch auch – und zwar leichter.

Buzz für Executives und andere Manager

In einer ähnlichen Weise gestaltet sich die Behandlung und Motivation Ihrer direkten Untergebenen, der Executives. Sie sollten wieder wählen: Wollen Sie hauptsächlich die Y-Masche verfolgen? Oder die harte Linie fahren?

Zuerst werden Sie allen Executives zum Jahresanfang die üblichen unerfüllbar hohen Ziele setzen. Aber das ist klar. Das rechnet Ihnen Ihr Controller aus. Sie sagen diesem, wie viel Gewinn Sie wollen, dann rechnet er aus, wie viel verkauft werden muss und wie sehr die Kosten sinken müssen. Daraus errechnet der Controller die Ziele der einzelnen Bereiche und übergibt sie ihnen in Ihrem Namen nach unten als Gesetz. Das ist ganz normal.

Das Hauptproblem ist nun, dass die Bereiche unter dem Stress zu hoher Ziele zum gegenseitigen Bekämpfen neigen und sich nicht wie ein Team verhalten. Dieses Problem sollten Sie als Direkt-Karrierist nicht lösen wollen, das ist wieder viel zu viel Arbeit, die Ihnen andere Bücher verheimlichen, die den Teamgedanken propagieren. Es ist dagegen leicht, ohne jede Problemlösung die ganze Schwierigkeit unter der Decke zu halten. Dazu berufen Sie alle paar Monate Meetings der Executives ein. Dafür gibt es inzwischen eine Standard-Tagesordnung:

→ Einstimmung durch Sie, den Boss: »Wir treffen uns heute als Team.«
→ Der Controller trägt die zu schlechten Zahlen vor.
→ Ein bis zwei Reden, die Ideen vortragen, die Sie lieben
→ Ein bis zwei Belehrungen über Ethik, Compliance, Quality (wo immer es gerade brennt)
→ Einteilung der Executives in Arbeitsgruppen zum Brainstorming
→ Gruppenarbeit
→ Treffen im Gesamtgremium und Festlegen von Actionplans
→ Termine zum Berichten des Erfolges

Am Anfang präsentieren Sie sich motivierend-anfeuernd oder hart ins Gericht gehend. Nach den schrecklichen Zahlen kommen die Belehrungen, die alle resigniert und routiniert ertragen. Denn man hatte ja zum Beispiel kein Geld für die Produktion guter Qualität! Und dann kommt ein belehrender Quassler von der Qualitätsüberwachung und zieht allen die Ohren lang. Na und? »Bringt er Geld für die Qualität mit?«, fragen sich alle sarkastisch.

Dann werden die Gruppen eingeteilt. Sie können auslosen oder vorher den Assistenten die Gruppen zusammensetzen lassen. Für den Erfolg ist es ganz unerheblich, wie Sie einteilen wollen, auch wenn sich viele Assistenten von guten Einteilungen etwas versprechen. Die verschiedenen Arbeitsgruppen begeben sich nun mit vom Assistenten vorbereiteten Aufträgen in die Breakout-Räume für die Breakout-Sessions.

Was sollen die Gruppen tun? Das hängt davon ab, ob Sie die nette oder harte Tour fahren. Für beide haben Berater Standardrituale entwickelt. Die sind beide nicht tiefsinnig, aber sie sind von Beratern erfunden und verbreitet worden, sodass sie heute als Standardrituale gelten.

Die motivierende Art

Die Arbeitsgruppen überlegen sich in Ihrem Auftrag zu den einzelnen Themen wie Kundenzufriedenheit, Kostensenkung oder Mitarbeitermotivation Verbesserungsvorschläge. Jede Arbeitsgruppe muss die Vorschläge nach der Session dem Gesamtgremium präsentieren. Es dürfen keine langfristigen oder nachhaltigen Problemlösungsvorschläge gemacht werden, weil von Ihnen ein Erfolg der Maßnahmen schon im laufenden Quartal erwartet wird. Die Arbeitsgruppen suchen also nach sofort umsetzbaren Vorschlägen, die auch am besten kein Geld kosten dürfen.

Die Aktionsvorschläge werden von allen Gruppen präsentiert, man scheidet die nicht so guten Vorschläge in einer fruchtbaren Diskussion aus und listet die Erfolg versprechenden auf. Dann stellen Sie sich als Boss wieder vorne hin und bitten die Executives, freiwillig an der Umsetzung der Vorschläge mitzuwirken oder eine Aktion federführend zu leiten (»die Lead übernehmen«). Sie deuten an, dass dies gut für die Karriere ist. Aus den willigen Meldungen werden Aktionsgruppen und Task-Forces gebildet, die Präsentationen erarbeiten, wie die Verbesserungen genau durchgeführt werden sollen. Dies ist der Beginn eines quälenden Prozesses, den ich schon im Executive-Kapitel beschrieb.

Die harte Tour

Sie fordern alle Anwesenden auf, in den Arbeitsgruppen die Missstände zu erfassen. Dabei soll schonungslos die Wahrheit auf den Tisch. Das Problem soll grundsätzlich gelöst werden. Niemand darf Verbesserungsvorschläge nennen. Erst müssen die Fehler auf den Tisch, danach kommt erst die Lösungsphase! Also nur harte Wirklichkeiten!

Dann stellen sich die Arbeitsgruppen vor Tafeln und listen Missstände über Missstände auf. Alles wird ausgekippt. Es ist wie eine Art Beichte in der katholischen Kirche. Die Vorstellung, dass diese Missstände nun bald beseitigt sein werden, lässt das Herz höher schlagen wie bei der Vergebung der Sünden.

Anschließend treffen sich die Arbeitsgruppen wieder und tragen die Missstände vor. Es ist das Grauen. Alle sind aber befriedigt, dass nun einmal alles sichtbar gemacht wurde. Sie glauben alle, Sie als Boss würden nun zum ersten Male die Missstände sehen können und dann helfen, sie abzustellen.

Ganz und gar nicht! Die Execs sind durch Sie nun gut präpariert für Ihren harten Schlag: Sie machen Ihrerseits Ihre Executives für die Missstände verantwortlich und fragen, wie es dazu überhaupt kommen konnte. Sie fordern sie auf, Aktionen aufzusetzen, alle die Probleme (»Issues«) zu beheben. Sie drohen mit Konsequenzen oder Notwendigkeiten. (»Strafe« heißt im Topmanagement »Konsequenz«.) Sie fragen sehr böse, wieso Sie von den ganzen Missständen noch nichts gewusst haben. Denn die Executives sind dazu da, alle Missstände zu beheben. Wenn die Executives das nicht können, müssen sie zu Ihnen als Boss und um Hilfe bitten. Das aber haben sie nicht getan. Sie als Boss wissen nichts. Deshalb haben die Executives die Missstände weder beseitigt noch an Sie berichtet. Sie haben also alle ihre Hausaufgaben nicht gemacht bzw. glatt versagt.

Die ganz hartgesottenen Berater schlagen vor, noch einen weiteren Vernichtungsschlag gegen die Executives zu landen. Sie lassen sich als Boss von den Executives in einer zweiten Runde vorschlagen, was nach ihrer Meinung getan werden müsste, um die Missstände wegzubekommen. Das hören Sie sich ruhig an und fragen dann: »Welche von diesen Maßnahmen haben Sie denn ergriffen? Was haben Sie selbst getan?«

In beiden Fällen kommt aus den Arbeitsgruppen sachlich nichts heraus. Das wissen alle, Sie ja auch. Sie waren ja Executive. Aber durch die Diskussionen in den Gruppen lernen sich die Executives einmal kennen und sehen die neuen das erste Mal. Die Gruppenarbeit fördert das gegenseitige Verständnis und eine Einsicht über die Zusammenhänge zwischen den Bereichen. Durch die Aktionspläne wird die Gruppenarbeit weiter gefördert, weil die Gruppen ja mit Calls und Meetings an die Probleme herangehen müssen, um später die Ergebnisse zu präsentieren. Um diese Gruppenarbeit und das Teamgefühl geht es vor allem, nicht um Problemlösung. Diese Meetings haben wirklich den Charakter einer Beichte. Die Aktionen sind ähnlich wie das nach der Beichte übliche »In-sich-Gehen«. Sie als Boss können den Execs besser ins Gewissen reden und konkrete Forderungen stellen.

Wenn Sie nett sind, geben Sie sich versöhnlich. Wenn Sie hart sein möchten, verlangen Sie ein Verlöschen jeglicher Sündhaftigkeit ohne jedes Verständnis und verhängen Sie Strafen.

> **Executive-Meetings und Folgeaktionen sind wie Beichtgänge mit anschließender Buße.**

Die nette Methode zwingt die Executives, sich um das System zu kümmern. Sie werden es daher lieb gewinnen. Auf Anschuldigungen von Mitarbeitern können die Executives ehrlich antworten, sie hätten alles ihnen Mögliche getan.

Die harte Methode ist wahrscheinlich wieder einfacher. Sie erzielt ebenso gute Ergebnisse, wahrscheinlich bessere. Durch das Beleuchten und Besprechen aller Fehler des Systems wird den Executives bei der harten Methode klar, wie schlecht das System eigentlich ist. Da Sie als Boss den Executives mit gutem Recht vorwerfen, dieses miese System ja ohne gute Teamarbeit versiffen zu lassen, wird den Executives klar, dass nicht eigentlich das System schlecht ist, sondern die Gruppe der Executives, die nicht zusammenarbeitet. Der Executive muss sich also nun selbst hassen. Über ihm lastet der Fluch des Versagens.

Er weiß aber auf der anderen Seite auch, dass er für das System als solches nicht persönlich verantwortlich ist, weil er selbst ohnmächtig gegenüber dem Ganzen ist. Mit diesem Hass auf das System, den Boss (also Sie) und auf sich selbst kann der Executive seelisch nicht gut arbeiten und auch nicht gut leben. Er muss also das Problem psychologisch lösen.

Eine gute Möglichkeit ist wieder die Reaktionsbildung. So wie eine Frau den gehassten Mann Liebling nennt, um ihn ertragen zu können, so können Executives den Hass auf das System in Liebe umwandeln. »Ja, das System hat noch Macken, aber wir reorganisieren gerade und haben auch Meetings und Actions. Wir sind Wettbewerbern meilenweit voraus. Wir haben sehr viel mehr Calls als andere. Das System ist natürlich ›best can do‹, aber doch toll. Wir machen ja klotzige Gewinne, das ginge doch gar nicht, wenn das System nicht seine Meriten hätte?« Und deshalb kann bei guter Reaktionsbildung in der Psyche der Executives das schlechte System zu deren »Liebling« mutieren, weil sie es in Wahrheit zu stark hassen. Durch die Liebe zum System verlieren die Executives auch den Hass auf sich selbst und natürlich den Großteil des Hasses auf den Boss, auf Sie.

Das ist kurz die Psychologie der harten Methode. Lassen Sie mich aber doch noch etwas Grundsätzliches zu der Psyche sagen, die bei der harten Methode unter den unerfüllbar hohen Zielen leidet.

Wenn ein Mensch unerfüllbar hohe Ziele bekommt, dann

→ kann er einfach an die Arbeit gehen, aber wissen, dass er nichts schafft.
→ kann er seinen Chef aufklären, dass ein Erreichen der Ziele unmöglich ist.

Im ersten Fall bemüht er sich und schafft es nicht. Er ist wie Sisyphos. Im zweiten Fall kommt es zum harten Konflikt mit der Obrigkeit. Ihm wird Unwilligkeit und Unfähigkeit vorgeworfen, was seinen Ruf vernichtet, wenn er nicht doch noch den Chef überzeugt. Grob gesagt: Er kann sein Selbst aufgeben und an die Aufgabe gehen oder er kann sein Selbst behaupten und untergehen. Es gibt also zwei Parameter. Im ersten Fall ist das Ergebnis: Karriere Ja, Selbst Nein. Im zweiten: Karriere Nein, Selbst Ja. Auf keine Weise kommt die Seele wirklich lebend heraus. Dieses Dilemma führt bei sehr sensiblen Menschen, denen das Problem immer bewusst bleibt, zu schizophrenen Anwandlungen. Sie sind zerrissen (nicht gespalten, was für ein doofes Wort).

Die allermeisten Menschen sind nicht zerrissen, sie entscheiden sich einfach für die erste Möglichkeit. Sie geben ihre eigene Vernunft auf und hetzen allem Befohlenen hinterher. Insbesondere Sie als Direkt-Karrierist haben das ja die ganze Zeit über so gehalten. Und Ihre jetzigen Executives haben entsprechend auch das Selbst unterdrückt, bis auf ein paar Alphatiere, die mit den Hufen scharren und an Ihrem Stuhl sägen. Das sind sehr wenige. Die sollten Sie schnell befördern, und zwar hinaus.

Neurotic Leadership Programming: Verheißung sein oder Herrscher

Nutzen Sie die Urkräfte des Menschen, wie wir sie bei Neurotikern beobachten. Ihre Tätigkeiten als Boss haben viel damit zu tun, dass Sie es schaffen, die Investoren, die Mitarbeiter und die Executives das Unternehmen oder auch Sie persönlich lieben zu lassen.

Die »nette« oder »heiße« Strategie verteilt überall positive Anstöße, regt Verbesserungen an, eilt von Event zu Event und begeistert alle. Die »harte« oder »kalte« Strategie setzt auf Selbstinszenierung.

Wir vergleichen diese innere Haltung wieder kurz mit den entsprechenden neurotischen Kräften des Menschen und denken nach, wie wir sie in Treibkräfte umwandeln.

Die Strategie, die positiv über Visionen, Pläne oder die helle Zukunft begeistert

Zu ihr gehört die Urkraft des Manischen. Die habe ich am Anfang des Buches schon beschrieben, hier nochmals wenige Zeilen:

Maniker haben ganz extreme Energie, müssen kaum schlafen, sind umtriebig und erfinden dauernd Neues. Sie befruchten mit Ideen wie Bienen die Blumen, unsystematisch hier und dort. Sie neigen im Überschwang zu spontanen Großtaten und geben dafür rücksichtslos alle Ressourcen. Sie wollen alles größer und noch größer, mischen sich überall ein, wollen andere zum Mitmachen einspannen. Sie reden unentwegt von Ihrem Tun und zwingen anderen ihre Pläne auf. Maniker sitzen immer in der ersten Reihe!

Maniker können oft erschreckend viel bewegen. Manchmal ruinieren sie mit exzessiven Geldausgaben die ganze Umgebung und werden bei Anzeichen einer solchen Verhaltensweise schnell in geschlossene Anstalten eingeliefert.

Warum handeln sie so extrem quirlig und rücksichtslos? Wie bei allen neurotischen Urkräften liegen die Wurzeln in einem verletzten Ego, das sich mit gewaltiger Kraft gegen seine Entwertung stemmt, leider aber eine falsche Methode benutzt oder meist einfach zu stark überzieht.

Viele der heutigen Milliardäre sind schwach manisch, also im medizinischen Sinne »hypomanisch« (von hypo wie »etwas« im Gegensatz zu hyper wie »viel davon«). Wenn Sie es nicht glauben, kaufen Sie wie ich das

Buch *The Hypomanic Edge: The Link Between (a Little) Craziness and (a Lot Of) Success in America* von John D. Gartner! Sagt der Buchtitel nicht schon alles?

Natürlich will ich nicht, dass Sie jetzt echt hypomanisch oder ganz manisch werden! Hier geht es nicht um das Glück, mit einem schwachen Krankheitsbild trotzdem reich zu werden. Hier geht es um Ihre Direkt-Karriere! Sie sollten sich an den Kräften der Manie orientieren und eine Rolle im Unternehmen spielen, die sich am Manischen orientiert.

Wenn Sie es schaffen, wie wahnsinnig ihren neuen Hype jedem und absolut jedem unter die Nase zu reiben, werden Sie feststellen, wie ihre Gegner langsam innerlich aufgeben. »Okay, so soll er Filialen in allen afrikanischen Ländern eröffnen. Es scheint nicht anders zu gehen.« Maniker treiben Buzz hoch zwei und gewinnen, weil es niemand aushält, »so lange bequatscht zu werden«.

Gewinnen Sie die Welt durch das Springen von Unternehmen zu Unternehmen, von Job zu Job, von Hype zu Hype! Treiben Sie das Unternehmen in den Hype, bis der Hype den maximalen Wert erreicht hat und fliegen Sie wie die Biene zur nächsten Blüte, weil die jetzige ausgesaugt ist. Nehmen Sie überall den Honig mit.

Nutzen Sie die Triebkraft der Manie als Treibkraft für Ihre Direkt-Karriere.
Nerven Sie alle so sehr mit Buzz, dass sie schließlich Ihren Plänen folgen.
Verwenden Sie diese Urkraft zum Hochjubeln des Aktienkurses.

Die nüchterne Selbstinszenierungsstrategie

Schauen wir uns nochmals die Urkraft der Selbstliebe an:

Narzissten entstehen sehr oft dadurch, dass ihnen das Elternhaus das Gefühl gab, von lauter naivem untüchtigem Volk umgeben zu sein, das für ein bisschen Geld Dreck frisst und es niemals zu etwas Großem bringt. Zum Großen braucht man gar nicht so viel, und das haben sie schon mit der Muttermilch eingesogen. Sie wundern sich, warum andere so glanzlos und hässlich herumlaufen, ohne auf sich zu achten. Sie wissen, dass sie fast ohne Mühe groß herauskommen werden, weil sie schon immer glänzten. Sie trugen schon als Baby am besten Bogner und Versace. Sie sind absolut optimistisch, nicht begeistert-oberflächlich optimistisch wie ein schauspielender Histrioniker, sondern tief überzeugt optimistisch für sich selbst – nicht für die Schicksale der anderen. Sie drehen alles an sich selbst zum Besten. Sie interpretieren alles, als wären Sie die Stars. Nichts kann ihr Selbstbewusstsein erschüttern. Sie sind stets sehr ausgeglichen und völlig cool.

Sie sind es von früh auf gewohnt, alle anderen wie Dienstboten zu behandeln, was diese manchmal zu ihrer eigenen Überraschung auch hinnehmen. Wie durch Zauberhand tun sie, was der Narzisst ganz selbstverständlich verlangt, obwohl es aus anderem Blickwinkel unverschämt ist.

Der Narzisst schafft es, seine Sicht der anderen als naives Volk, das zu gehorchen hat, den anderen überzustülpen. Die anderen akzeptieren wortlos, dass die menschlichen Regeln für das Volk gemacht sind, nicht aber für die kalten Herrscher.

Der Narzisst beeindruckt durch ein völliges Fehlen eines Reziprozitätssinnes. Narzissten kennen kein »Geben und Nehmen«, kein »Give & Take«. Sie nehmen alles und Punkt. Wie selbstverständlich beuten sie andere aus und lassen andere für sich arbeiten. Sie gehen durch die Menge wie ein Prinz oder eine Prinzessin und stellen Ansprüche, die postwendend erfüllt werden. Sie schillern so sehr, dass die Menschen ihnen dienen. Die Menschen sind sich sicher, dass ihnen ein Lächeln gewährt wird, ein Dank ausgesprochen. Aber es kommt nichts, rein gar nichts. Der Narzisst nimmt die Leistungen ohne einen Gedanken an Gegenleistungen hin. Er schillert so sehr, dass normale Menschen viele Male für ihn in Dienst treten, bevor sie sich dann erst der Arroganz so richtig bewusst werden und sich den expansiven, immer verstärkenden Forderungen des Narzissten entziehen. Sein Schillern zieht das andere Geschlecht an. Der Narzisst hat Frauen an jedem Finger, die Narzisstin alle Männer der Welt. Sie treiben es, wie sie wollen, ohne je zu lieben. Das ist den Partnern erst nicht klar, sie stehen dann aber sofort verlassen da, wenn sie auf einer Vertiefung der Bindung bestehen. Das gibt es bei Narzissten nicht.

Narzissten verschwenden überhaupt keinen Gedanken an die Rechte der anderen im naiven Volk. Sie befassen sich nicht mit Gefühlen von Menschen. Alle anderen sind nur schwach und einfach denkend. Man kann sie wenigstens gut gebrauchen.

Sehen Sie, wie schön ein schillernder Neurotiker einfach alle zu Dienern degradiert? Das müssen Sie auch schaffen. Denken Sie sich in dieses Spiel der Triebe hinein und gestalten Sie sie konstruktiv. Der Narzisst nimmt die Dienste der anderen einfach mit. Er wandert durch das Leben wie durch einen reichen Garten voller Früchte und isst sich satt. Er fühlt sich wie im Paradies. Die anderen Menschen sind Teil der Früchte, sie werden vernascht, wenn's beliebt.

Ihre Aufgabe als Boss besteht nun darin, diesen Narzissmus glaubwürdig zu spielen. Da Sie schon Boss sind und ja keine weitere Karriere mehr machen müssen, könnten Sie jetzt das erste Mal versuchen, nicht nur zu spielen, sondern wirklich narzisstisch zu sein. Dann würden Sie viel authentischer wirken. Ihre ganze Direkt-Karriere führte bisher durch Terrain, wo Sie den Unwillen oder die Ablehnung der Mitarbeiter und Kollegen zu spüren bekamen. Das war der Preis des rasanten Aufstiegs. Sie werden deshalb schon aus einem gewissen Selbstschutz heraus begonnen haben, sich selbst zu lieben. Seien Sie vorsichtig! Gehen Sie jetzt die nächsten paar Stufen bedachtsam weiter und erklären sich in Ihrer Umgebung zu einer Art Gott. Dieses gespielte Grundgefühl gibt Ihnen enorm viel Treibkraft, die zum Beispiel viele Adlige schon durch das blaue Blut oder die blaue Muttermilch bereits vom Leben geschenkt bekamen. Wenn Sie anfangen, Gott zu spielen, ist Ihnen das am Anfang vielleicht noch etwas peinlich, weil Sie sich ja selbst mit allen Unvollkommenheiten kennen. Aber Sie merken schnell, wie eilfertig Menschen in Ihrer Umgebung mit dem Gottesdienst um Sie herum anfangen, sobald Sie es nur bestimmt genug verlangen. Nach und nach wirkt dann die devote Umgebung auch auf Sie zurück und Sie beginnen tatsächlich, sich vollkommen und allmächtig zu fühlen. Gleichzeitig sollten Sie immer auch die Schwächen Ihrer Umgebung aufs Korn nehmen. Sie behalten im Blick, wie töricht und einfältig das Volk ist und wie hoch Sie über ihm stehen. Das Volk kann sich glücklich preisen, Sie zu haben. Erklären Sie das dem Volk, und es wird Sie preisen. Aber achten Sie sensibel darauf, dass Sie gepriesen werden. Sie müssen zwar keine weitere Karriere mehr machen, aber oben bleiben wollen Sie doch noch einige Zeit?!

Nutzen Sie die Treibkraft des Narzissmus, immer alles radikal zu nehmen, absolut niemals etwas zu geben und dabei von allen geliebt zu werden. Das ist das höchste Geheimnis, glücklich oben zu sein.

Der Boss als Karrieredarsteller (»Alphatier«)

Wenn Sie durch Neurotic Leadership Programming die Bewusstseinszustände der Manie oder des Narzissmus für sich nutzen, kommen Sie in große Gefahr, sich sehr wohl zu fühlen, wenn Sie sich vergessen. Nutzen Sie also die Triebkräfte von Manie oder Narzissmus als starke Treibkräfte, aber verfallen Sie ihnen nicht.

Wer den Maniker spielt, kann sich leicht im Taumel der Begeisterung verlieren – es wird zum Beispiel von wilden Party-Gelagen zu den hohen Zeiten des Dot.com-Booms berichtet. Diese Orgien waren legendär. Viele der neuen Firmen sind nach oben geschossen, weil sie die Investoren in einen Taumel der Begeisterung versetzen konnten. Dann aber verfielen Sie nach den üppigen Eigenkapitalspritzen selbst in den Taumel und arbeiteten kaum noch.

Dasselbe kann leicht beim Gott-Spielen passieren. Davor warnte ich ja eben schon. Das Problem ist, dass Ihre Umgebung zum Teil wirklich zu glauben beginnt, Sie seien Gott. Dieser Bewusstseinszustand gehört zum Stockholm-Syndrom, das ich schon ansprach. Es ist ja gut, wenn alle in Ihrer Umgebung Sie für Gott halten. Aber Ihnen soll das nur gefallen, weil Sie dadurch einen Erfolg verbuchen können. Es ist der Beweis, dass Sie erfolgreich im Gott-Spielen sind. Es ist aber kein Beweis, dass Sie nun wirklich Gott sind.

Viele Bosse fallen relativ plötzlich vom Himmel, weil sie sich selbst für Gott halten, obwohl sie ihn nur spielten. Heute erschüttern zum Beispiel Datenskandale die Öffentlichkeit. Große Unternehmen haben Mitarbeiter, Manager und sogar Aufsichtsräte und Betriebsräte ausgespäht. Das erzürnt das Volk, es begehrt auf. Die richtige Reaktion eines Direkt-Karriere-Bosses wäre: »Autsch, mein Gott-Spielen war offenbar überzogen, sie glauben nicht mehr an mich. Ich muss Maßnahmen einleiten, die meine Heiligkeit in ihren Augen wiederherstellen. Ich muss etwas zurückrudern.« Wie aber reagieren die gottähnlichen Bosse wirklich? Sie sagen: »Wo ist das Problem? Ich durfte und darf das. Wer will mir in meine Arbeit hineinreden, in mein Reich? Was geht das die Öffentlichkeit an?«

Ihnen als Direkt-Karrierist rate ich also wieder und wieder, sich nicht zu sehr in diese neurotischen Zustände hineinzusteigern, weil Sie es dann kaum merken, wenn Ihre Karriere beendet ist. Schauen Sie also mit einem halben Auge immer noch darauf, dass Sie wirklich oben sind. Denken Sie als Boss auch an das Leben nach Ihrer schnellen Karriere. Wenn Sie gut sind, schießen die Aktien Ihres Unternehmens kurz hoch, und Sie gehen mit Millionen in Pension. Das ist das Endziel Ihrer Direkt-Karriere – den Vogel abschießen. Es kann also gut sein, dass Sie mit 45 Jahren und mit zig Millionen zu Hause sitzen. Was machen Sie dann?

Spielen Sie Ihre Rolle als Boss so, dass es ein Leben nach dem Erwerb der Millionen gibt. ⌐

Übernehmen Sie schon zu Lebzeiten als Boss Ehrenämter in Verbänden. Halten Sie Verbindungen zu Stiftungen. Lassen Sie als jetziger Boss Ihr Unternehmen eine solche gründen. Die können Sie ja dann später leiten. Sichern Sie sich Aufsichtsratsposten. Von dort aus können Sie sich später ausleben, ohne viel arbeiten zu müssen. Kaufen Sie sich gute Bücherschreiber, die Ihr Leben unter einem publikumswirksamen Thema neu konstruieren. Sie lassen sich zum Beispiel darstellen, als ob Sie für Menschen im Arbeitsleben eintreten oder sich für Arbeitsplätze einsetzen, die wenig Kohlendioxid erzeugen. Dieses Lebensthema vermarkten Sie dann in Talkshows – so wie ich zum Beispiel den Gedanken der Direkt-Karriere. Sie müssen ganz unbedingt dafür sorgen, dass Sie nach dem Ende Ihrer Dienstzeit oder nach dem Ausüben der Optionen noch eine Bedeutung haben, die Ihrem Narzissmus schmeichelt oder das Ausleben Ihrer Manien erlaubt. Bei Männern ist es eventuell gut, die Ehefrau (vor dem Ausüben der Optionen) gehen zu lassen und dann die Familie sehr stark und sehr fotogen zu verjüngen. Viele Bosse freuen sich auch öffentlich über Ehrendoktorate oder Honorarprofessuren, wenn sie sich nicht schon vorher Titel über ausländische Universitäten besorgten. Vereinbaren Sie statt zu vielen Geldes in den Pensionsverträgen viel besser noch ein Büro im Unternehmen zu haben oder von der jeweiligen Vorstandssekretärin betreut zu werden. Vereinbaren Sie einen Chauffeur und freien Zutritt zu allem.

Arbeiten Sie langfristig an der Konstruktion eines großartigen Altersego. ⌐

Viele Bosse gehen im Tagesgeschäft unter. Sie frönen Ihrer Selbstliebe oder Manie und lassen sich davontragen. Vergessen Sie nicht, dass Sie irgendwann mit viel Geld in ein tiefes Loch fallen. Und dann ist es oft zu spät, sich nachträglich in alles einzumischen oder die Familienverhältnisse zu verändern. Einen alten reichen Menschen will man nicht so gerne spielen wie einen Boss. Macht zieht stärker als nur Geld. Es gibt weniger tolle Frauen/Männer als Leute mit Geld, aber mehr Reiche als Leute mit Macht. Macht macht reicher und sexier als Geld oder Schönheit.

Eine kurze Beispielrede für den Boss (manisch)

Treten Sie nur auf tollen Events auf, die passend für Sie gestylt sind. Lassen Sie Ihren Auftritt in Las Vegas oder in Dubai stattfinden. Organisieren Sie rummelartigen Tumult. Vor Ihrem Auftritt peitschen schwitzende muskelstarke Trommler das Publikum auf. Ein Nummerngirl sagt Sie an. Die Erwartungen des Publikums haben den Siedepunkt erreicht. Jetzt stürmen Sie mit jugendlichem Schwung auf die Bühne. Sie tragen das neue Firmen-T-Shirt mit dem neuen Motto »Win!«. Sie klatschen mit dem Publikum mit, recken die Arme wie Präsidenten bei Besuchen in Kriegsgebieten. Danken Sie betont leise für den Beifall, der dann nicht endet. Beruhigen Sie schließlich das Publikum. Im ersten Moment des allgemeinen Schweigens treten Sie zum Rednerpult, ergreifen eine Wasserflasche und trinken genüsslich – aus der Flasche (!), obwohl Gläser bereitstehen. Wenn Sie eine Frau sind, wirkt diese Geste noch kraftvoller.

»Ich habe es mir auch dieses Jahr nicht nehmen lassen, unter Ihnen zu sein. Ich muss gleich wieder zum Flughafen, wo ich hauptsächlich bin und während des Wartens mit den Handys manage. Manchmal wünschte ich, Sie wären auch am Flughafen und könnten das bunte Leben sehen. Einfach nur einmal sehen! Das geht leider nicht, ich weiß (weil wir alle Reiseausgaben gestoppt haben, klar). Aber das Leben ist voller Chancen! Das sehe ich jeden Tag. Unser Unternehmen wird vollkommen global! Wir müssen nicht mehr in einer Kleinstadt bleiben – wir werden zum weltweiten Player. Wir bedienen alle Märkte. Wir tanzen auf allen Hochzeiten. Wir haben die Einführung von Produkten so beschleunigt, dass wir jetzt wöchentlich wechseln wie die Discounter die Grabbeltische. Die Geschwindigkeit unseres Unternehmens ist unermesslich angestiegen. Alles wirbelt! So liebe ich es, so liebe ich es sehr. Ich hoffe, dass wir alle bald so schnell, agil und unvorhersehbar sind wie ich selbst.

Ich will, dass unersättlicher Wandel von allen Mitarbeitern als Lustgewinn empfunden wird. Was wir heute noch als unumstößliche Wahrheit ansehen, ist morgen schon vergessen! Wir arbeiten deshalb darauf hin, dass Sie am besten nur noch mit Ihrem Kurzzeitgedächtnis arbeiten! Wenn Sie ein Computer wären, würde ich Ihnen gar keine Festplatte einbauen, worauf Sie sich ja etwas merken könnten. Nein! Neu, alles neu, jeden Tag neu! Nur Dumme lernen über die Zeit mit ausgefeilten Strategien den Markt kennen und ausnutzen. Wir spielen gar nicht mit! Wir ändern die Spielregeln! Wir sind die Einzigen, die vollkommen in der Meta-Ebene denken und agieren. Wir ändern unser Verhalten im Markt so schnell, dass sich keiner auf unsere Strategien einrichten kann. Die Konkurrenz rennt uns wie wahnsinnig hinterher, aber immer nur ins Leere! Ich manage nach dem Wow!-Effekt-Buch nach Tom Peters. Ja! Wow! Wow! Jeden Tag! Wir sind vorne dabei, wir klopfen uns auf die Schultern: Wow! Wow! Lassen Sie die Skeptiker bellen und kläffen. Wir bleiben auf Speed, wir nehmen jede Chance mit.

Puh, jetzt bin ich schon ganz außer Atem. Ich muss schnell trinken. Da steht eine Flasche … [gluck-gluck] … stilles Wasser, puh, gibt es hier keinen Champagner? Nun rennt nicht alle los, einer reicht, hört zu: Wir sind in der besten Situation der Firmengeschichte. Nie waren die Chancen so gut wie heute. Wenn wir jetzt nicht durchstarten, wann dann? Die Wirtschaftslage ist so schlecht, dass wir unsere Konkurrenz leicht erledigen können. Die Kunden werden sich uns zuwenden, weil wir die Besten sind. Ich sehe vor mir … Sie, die Mitarbeiter! So tolle Mitarbeiter hat niemand! Das wissen Sie nicht, weil Sie nicht wie ich überall draußen auf den Flughäfen die vielen Unfähigen sehen. Sie sind unvorstellbar gut! Das glauben Sie nicht, oder? Aber ich weiß es und ich will es heute einmal sagen, obwohl die Gewerkschaften bei jedem positiven Piepser von mir räuberische Lohnforderungen stellen.

Bitte klatschen Sie sich selbst Beifall, das haben Sie verdient, das tut gut, das mache ich selbst auch sehr oft. Lauter. Lauter! Dieser Tag soll uns als Tag der Freude über uns selbst im Gedächtnis bleiben.

Ich werde morgen bekannt geben, wie ich die ganze Managementstruktur reorganisiere. Viele im Management-Team waren schon Monate dabei. Sie fingen an, in meinen Meetings öfter dasselbe zu sagen. Ich mag solche Wiederholungen nicht, besonders nicht bei Kritik oder bei Forderungen. Wenn das passiert, verändere ich alles. Das tut gut! Trotzdem wollte ich diesen fröhlichen Tag mit Ihnen allen begehen, auch mit allen Managern. Auch mit den Mitarbeitern. Genießen Sie diesen Tag! Halten Sie die Erinnerung an dieses wundervolle Unternehmen immer wach. Hier durften Sie einmal im grellen Trubel arbeiten!

Ich muss zum Flughafen. Wir stellen Leute in Asien ein. Wir beteiligen uns an Expeditionen in eventuell noch unbekannte Länder oder auf andere Planeten, wo es Mitarbeiter gibt, die gegen lokale Währungen arbeiten. Wir müssen weiter, weiter, weiter! Ich muss weiter! Ich stehe hier schon eine Viertelstunde und habe nur geredet … ja, ich komme schon – das ist meine Vorstandsassistentin. Und der Champagner? Im Flugzeug?

Ich habe noch gar nicht gesagt, was ich wollte. Bitte unterstützen Sie das Management in allen Belangen – und zwar schneller als in den Vorjahren. Wir haben dieses Jahr wieder den Kunden in den Mittelpunkt gestellt, auch wenn man es unseren Aktionen nicht direkt ansieht. Wir wollen die Kunden nicht überfordern und auch die Konkurrenz nicht in unsere Karten schauen lassen. Wir müssen alles tun, was der Kunde von uns will. Und was will er? Er will bei uns kaufen, weil wir die Besten sind! Das tut gut [gluckgluck] …«

Eine kurze Beispielrede für den Boss (narzisstisch)

Ihre Reden finden in einem Mahagoni-Saal in der sonst spartanischen Hauptverwaltung statt. Nur für die Rede dürfen alle einmal mit dem für Sie reservierten Aufzug in die luxuriöse oberste Etage, wo Sie residieren. Hier halten Sie Hof. Man kommt zu Ihnen zur Aufwartung. Die Kleiderordnung ist »Business«, also hier oben ganz sicher tiefschwarz. Sie selbst tragen eine ausgesuchte Krawatte, die Sie als Herrscher ausweist. Sie sind ernst, kalt und unnahbar. Sie nicken bei Ihrem Erscheinen nur ganz knapp grüßend den höchsten Executives zu, die in der ersten Reihe nach Plan gesetzt sind und einen schwarzen Stacheldrahtzaun zum Publikum hin bilden, der die Altarzone abschirmt.

»Ich möchte Sie in aller Form für dieses Zusammensein begrüßen. Solch ein Event bringt immer auch Freude und Wiedersehen und dient dem Networking. Ich weiß. Vernachlässigen Sie das nicht. Aber alles in allem ist das hier ein ausdrückliches Arbeitsmeeting. Diese zwei Tage bedeuten etwa ein

Prozent unserer Jahresarbeitszeit und die investiere ich nicht aus Jux. Alles ist knallhart kalkuliert. Und das Geld für Sie und das Essen will ich wiedersehen, das möchte ich klar und deutlich sagen. In diesen zwei Tagen präsentiert sich das neue Management mit den genau im Team abgestimmten Messages, die ich persönlich vorgegeben habe. Ganze Abteilungen der Unternehmenskommunikation haben die Inhalte der verschiedenen Bereichsvorträge so überarbeitet, dass sie nun farblich zueinander passen und einen neuen Masterhintergrund tragen. Ich will, dass Sie meine Botschaften aufmerksam aufnehmen und überall selbst wie Ihre eigenen vertreten. Gehen Sie aktiv auf alle heute nicht anwesenden Kollegen und Kolleginnen zu und stecken Sie sie mit Ihrer Begeisterung an. Was ich zu sagen habe, muss sich jedem von Ihnen einbrennen. Wir begeben uns im nächsten Jahr in eine Schlacht um den Kunden. Der Wettbewerb wird das bemerken und Maßnahmen dagegen ergreifen. Das ist unsere Chance. Ich will, dass wir siegen. Ich will, dass jeder von Ihnen dazu beträgt. Mein letztes Jahr als Vorsitzender der Geschäftführung stand unter dem Motto »Alles vom Kunden«. Ich hatte Ihnen hier an gleicher Stelle genau auseinandergesetzt, wo der Profit in unserem Geschäft liegt: beim Kunden. Da müssen wir ihn nur holen.

Ich habe das wieder und wieder gesagt. Ich konnte verlangen, dass es jeder von Ihnen in seinen verdammten Schädel bekommt. Ich hatte noch Verständnis, als der Profit im ersten Quartal nur moderat anstieg. Dann aber mussten sich große Erfolge zeigen, hätten wirklich alle von Ihnen mitgezogen. Diese sind nicht in dem Maße eingetreten, dass ich mich als Manager des Jahres hätte nominieren lassen können. Die Öffentlichkeit hat die Resultate ohne große Regung hingenommen. Das ist für mich inakzeptabel. Ich habe ein Assessment angeordnet, das die Gründe für dieses – lassen Sie es mich deutlich sagen – miese Ergebnis erkunden sollte. Es scheint so, dass mein Wille nicht ernst genug kommuniziert worden ist. Mitarbeiter sagten, die Strategie sei nicht klar gewesen. Sie wussten zwar schon, dass der Profit beim Kunden wäre, aber sie hatten keine Ahnung, wie der Profit aus dem Kunden zu ziehen wäre. Ich frage mich, wozu ich Sie dann eingestellt habe. Sie sollen die besten Produkte herstellen und die zu guten Preisen verkaufen. Dafür sind Sie eingestellt worden. Dazu haben Sie einen teuren Zweitageslehrgang besucht, mit dem sich auch Ihr persönlicher Marktwert als Mitarbeiter gesteigert hat. Dafür will ich Leistung sehen!

→ Buzz & Hazard (Big Bosses Direct Primer)

Dieses Jahr will ich unter ein ähnliches Motto stellen, das Sie hoffentlich besser verstehen und vor allem so stark verinnerlichen wie ich selbst. Es geht wieder um den Profit, ist aber viel konkreter als im letzten Jahr, wo ich Ihnen wohl zu viel Eigeninitiative beim Verstehen zugetraut oder zugemutet habe. Das Motto lautet – und hören Sie jetzt gut zu. Ich werde jeden feuern, der das in den nächsten Tagen nicht kennt. Das Motto lautet ›KILLING GROWTH‹.

Das spricht eine deutliche Sprache und ist die Grundlage unserer Strategie. Die Strategie für unser Unternehmen habe ich festgelegt. Und ich will nicht immer etwas anderes, sondern sehr langfristig orientiert immer das Gleiche: Profit. Das drückt das neue Motto sehr konkret aus. Die Bedeutung springt ins Auge. Unsere Wettbewerber werden wissen, dass ich damit eine starke Ansage in den Raum stelle. Ich will starkes Umsatzwachstum, also Growth – aber so irre stark, dass dieses Wachstum gleichzeitig die Konkurrenz so sehr schwächt, dass diese gekillt wird. Ich will den Profit nicht mehr teilen! Uns steht alles zu!

Wir haben schwarze Tassen und T-Shirts mit dem Motto bedruckt. Sie werden am Ende der Veranstaltung diese Message-Träger persönlich im Austausch mit (positiv) ausgefüllten Feedback-Bögen zu dieser Veranstaltung entgegennehmen. Ich erwarte, dass für ein Jahr Killing Growth in Ihnen wie Feuer brennt. Wir haben die Presse bereits mit allem bestens versorgt und starten ab heute Nachmittag eine groß angelegte Kampagne, die uns nach unseren Berechnungen viele neue Kunden bringen wird. Es ist alles berechnet! Ich will, dass sich diese Kampagne auszahlt. Ich will, dass Sie in Ihren Familien Killing Growth predigen und vorangehen als Streiter meines Unternehmens. Wenn ich dereinst dieses Unternehmen verlasse, möchte ich auch lange danach in aller Munde derjenige sein, der hier für Killing Growth gesorgt hat. Haben Sie noch Fragen? Sie – da hinten? Bringt jemand ein Mikrofon nach hinten? Dort! Machen Sie gefälligst schnell.«

»Ich bin Franz Schmidt aus der Abteilung SR-TZ-BKE, ich betreue das Produkt FH-33 und stehe kurz vor meiner Beförderung, die aber noch von Ihnen abgenickt werden muss. Ich finde Ihren Ansatz wunderbar. Besonders danken möchte ich für Ihre Aussage, dass sich Mitarbeiter mehr für das jeweilige Motto einsetzen sollen. Ich tue das jedes Jahr. Die neue Strategie unterstütze ich voll und ganz. Ich würde mir wünschen, dass jetzt mehr von uns mitziehen. Ich hatte nur einen kleinen zusätzlichen Gedanken. Ach, ich bin so stolz, dass ich den hier sagen darf, vielleicht hilft es allen. Ich dachte also bei mir, ob das Motto nicht böswillig falsch verstanden werden kann.«

»Sind Sie denn als mein Mitarbeiter böswillig? Das wollen Sie doch nicht sagen? Ich sehe schon, Sie zittern. Was soll das bedeuten? Sind Sie also einer dieser notorischen Neinsager, von denen wir immer noch so viele haben, obwohl ich sie unermüdlich feuere. Ich will, dass Sie mitgehen! Ich will, dass Sie alle gleich als Team handeln, ob hoch oder niedrig. Und wenn Sie Kritik äußern wollen, dann bitte klar und deutlich und vor allem konstruktiv. Oder haben Sie mich jetzt wieder falsch verstanden? Gibt es sonst noch Fragen? [Schweigen] Ist alles klar? Ja? Bei allen? Sehen Sie? Alle haben verstanden, nur Sie nicht. Trotzdem will ich zur Kenntnis nehmen, dass ein Mitarbeiter einen Misston in dieses Meeting hineintragen wollte. Ich bitte das Executive Management um eine Klärung, wie solche Veranstaltungen wie diese hier zu organisieren sind. Wer ist der Vorgesetzte dieses Mitarbeiters? Sie? Und Sie wollten als Motto erst ›KILLING CONFIDENCE‹! Hätten Sie das ebenfalls böswillig missverstanden? Na? Keine Antwort? Sie sind wohl sprachlos? Liebe Manager, eine Anmerkung: Sie sehen, die Strategie muss wieder und wieder und wieder kommuniziert werden. Und am Ende verstehen sie wieder nicht alle. Es ist zum Verzweifeln. Und ich sage Ihnen: Wenn Sie das Motto nicht umsetzen, wie ich von Ihnen verlange, komme ich mit ›KILLING ME‹. Das wird bestimmt niemand von Ihnen missverstehen.«

Selbsttest: Sind Sie der große Leader?

Manisch:
1. Langweilt Sie Routine?
2. Lieben Sie von allem den Anfang? (»Neues Projekt – neues Glück«)
3. Spürt jeder die Begeisterung in Ihrer Rede?
4. Gehen Sie stets davon aus, dass Ihr Reden jeden interessiert?
5. Hängen Menschen fasziniert an Ihren Lippen?
6. Scheitern andere, Sie zu unterbrechen?
7. Sind Sie der Optimistischste in Ihrer Umgebung?

➜   Buzz & Hazard (Big Bosses Direct Primer)

8. Ist anderen (Pessimisten) Ihr Optimismus oft zu groß?
9. Ärgern Sie sich, dass andere noch Altes beenden wollen, wo Neues angefangen werden könnte?
10. Stürzen Sie sich in vieles gleichzeitig?
11. Sind Sie angstfrei?
12. Können Sie auf »Alles oder Nichts« setzen?
13. Fühlen Sie das Leben am liebsten als Rausch oder Kick?
14. Schaffen Sie es, im Mittelpunkt zu stehen?

Narzisstisch:
1. Ist Ihr Wille der Wille aller?
2. Sagen Sie stets mit Bestimmtheit, was Sie wollen?
3. Können Sie Widerspruch schnell ersticken?
4. Bekommen Sie oft Beifall und Zustimmung?
5. Werden Sie ungeduldig, wenn andere ihre Interessen zur Sprache bringen?
6. Sind Sie hart in der Sache?
7. Mögen andere Sie gern?
8. Sonnen sich Menschen in Ihrer Gegenwart?
9. Loben Sie nie?
10. Verachten Sie Lobbedürftige? (»Sprich nur ein Wort, und meine Seele gesundet«)
11. Wünschen sich andere, Sie sollten mehr Mensch sein – wo sie aber der einzige unter allen sind?
12. Zögern andere, ungefragt etwas von Ihnen zu wollen?
13. Sind Sie der, zu dem alle aufsehen?
14. Sind Sie der gesuchte Mittelpunkt?

Wenn Sie bei einem der Frageblöcke zu allem Ja sagen können, müssten Sie am Ziel sein.

Schlusswort an normale Menschen

In diesem Buch habe ich erklärt, wie praktisch jeder Mensch eine Direkt-Karriere beginnen kann. Ich habe die neue Technik des geeigneten und zielgerichteten Verrücktspielens unter der Bezeichnung Neurotic Leadership Programming eingeführt.

Sie können damit unmittelbar beginnen, selbst verrückt zu spielen. Besser noch: Sie können mit den breiten Kenntnissen aus diesem Buch nun in Ihrem Umfeld Vorbilder von Direkt-Karrieristen erstmals gut erkennen und ihnen nacheifern. Natürlich gibt es heute nur wenige Direkt-Karrieristen, das ist klar. Denn der Text dieses Buches kursierte vor der jetzigen Publikation nicht wirklich weit. Es mag auch hier und da Naturtalente geben, die das geeignete Verrücktspielen schon von jeher intuitiv begriffen haben und als Direkt-Karrieristen agierten, ohne es selbst von sich zu wissen.

Nun aber ist ja dieses Buch der Öffentlichkeit endlich zugänglich. Damit wird die Zahl der Direkt-Karrieristen stark ansteigen. Wenn Sie also nicht selbst sofort einer der Ersten sein wollen, dann können Sie sicher sein, demnächst ganz in Ihrer Nähe Anschauungsmaterial zum Nacheifern studieren zu können. Schauen Sie, wie es andere machen! Begeistern Sie sich, wenn diese zügig Stufe um Stufe befördert werden. Machen dann auch Sie sich auf den Weg zum schnellen Erfolg.

Schauen Sie sich um: Viele Menschen spielen in Ihrer Umgebung verrückt. Sie wissen ja schon lange, dass die ganze Welt verrückt spielt. Was ich Ihnen hier zeigen wollte, dass manche dieser Verrücktheiten zu Beförderungen führen, wenn sie in der richtigen Reihenfolge gespielt werden. Das Leben ist ein Spiel, das wissen Sie! Sie müssen aber stets auf die richtige Strategie setzen.

Es gibt viel mehr Verrücktheiten zu spielen als nur die, die ich für eine Karriere empfohlen habe. Lassen Sie von solchen Irrwegen ab! Sehen Sie, dieses meine ich:

→ Depression spielen: durch nervende Klage Hilfe und Beistand von anderen zu erzielen und eigene Verantwortung für die eigene volle Leistungsfähigkeit vermeiden.

→ Abhängigkeit (»Dependence«) spielen: unermüdlich den Chef um Anweisungen bitte, wie es ganz genau gemacht werden soll, danach um Lob bitten (»so richtig, Papa?«).

→ Masochismus spielen: die Chefin provozieren, sodass sie mindestens negative Aufmerksamkeit schenkt. (»Sie hat mich dabei wenigstens einmal angeschaut, dazu habe ich sie gezwungen.«)

→ Paranoia spielen: sich von Mobbing umgeben sehen, um Gründe für Misserfolg zu haben.

→ Anti-sozial spielen: durch häufiges Ausrasten allen anderen Angst machen, gute Arbeit oder Pflichterfüllung von einem einzufordern.

→ Negativistisch spielen: alles pessimistisch sehen und für den schlimmsten Fall interpretieren. Moderate Misserfolge erscheinen dann wie Triumphe über das Schicksal.

Und so weiter. Es gibt ganze Handbücher davon. Alle diese Strategien, andere als die von mir empfohlenen Neurosen zu spielen, führen ebenfalls zu klaren Vorteilen gegenüber Mitmenschen. Sie verhelfen aber nicht zu einer Karriere. Warum eigentlich nicht? Ich wollte das hier gar nicht begründen, weil ich es sonnenklar sah. Ich glaube, die meisten von uns wissen gar nicht wirklich, wie stark sie von Sozial-Vampiren aller Art manipuliert werden – zum Beispiel in der Familie. (»Du kommst gegen ihn einfach nicht an! Logik hilft nicht!«). Aus dieser Unkenntnis heraus, welche guten Methoden zur Machtausübung es überhaupt gibt, sind nur manche von ihnen als tauglich für das Management begriffen worden. Das sind die, die ich hier im Buch behandelt habe. Natürlich wird sich durch dieses Buch eine enorme Ausweitung des allgemeinen Kenntnisstandes ergeben. Danach sind dann sicherlich Änderungen möglich, ja sogar zu erwarten. In diesem Sinne wird dieses Buch Ausgangspunkt von erdrutschartigen Innovationen sein, die uns allen zu noch größerer Prosperität verhelfen. Das macht mich irgendwie vorfühlend glücklich.